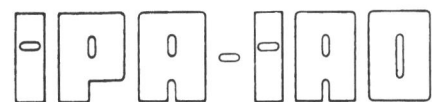 

Forschung und Praxis

Band 135

Berichte aus dem
Fraunhofer-Institut für Produktionstechnik
und Automatisierung (IPA), Stuttgart,
Fraunhofer-Institut für Arbeitswirtschaft
und Organisation (IAO), Stuttgart, und
Institut für Industrielle Fertigung und
Fabrikbetrieb der Universität Stuttgart

Herausgeber: H. J. Warnecke und H.-J. Bullinger

Manfred Auch

Fertigungsstrukturierung auf der Basis von Teilefamilien

Mit 34 Abbildungen

Springer-Verlag
Berlin Heidelberg New York
London Paris Tokyo Hong Kong 1989

Dipl.-Wirtsch.-Ing. Manfred Auch
Fraunhofer-Institut für Arbeitswirtschaft und Organisation (IAO), Stuttgart

Dr.-Ing. H. J. Warnecke
o. Professor an der Universität Stuttgart
Fraunhofer-Institut für Produktionstechnik und Automatisierung (IPA), Stuttgart

Dr.-Ing. habil. H.-J. Bullinger
o. Professor an der Universität Stuttgart
Fraunhofer-Institut für Arbeitswirtschaft und Organisation (IAO), Stuttgart

D 93

ISBN-13 : 978-3-540-51290-5 e-ISBN-13 : 978-3-642-83830-9
DOI : 10.1007 / 978-3-642-83830-9

Dieses Werk ist urheberrechtlich geschützt. Die dadurch begründeten Rechte, insbesondere die der Übersetzung, des Nachdrucks, des Vortrags, der Entnahme von Abbildungen und Tabellen, der Funksendung, der Mikroverfilmung oder der Vervielfältigung auf anderen Wegen und der Speicherung in Datenverarbeitungsanlagen, bleiben, auch bei nur auszugsweiser Verwertung, vorbehalten. Eine Vervielfältigung dieses Werkes oder von Teilen dieses Werkes ist auch im Einzelfall nur in den Grenzen der gesetzlichen Bestimmungen des Urheberrechtsgesetzes der Bundesrepublik Deutschland vom 9. September 1965 in der Fassung vom 24. Juni 1985 zulässig. Sie ist grundsätzlich vergütungspflichtig. Zuwiderhandlungen unterliegen den Strafbestimmungen des Urheberrechtsgesetzes.
© Springer-Verlag, Berlin, Heidelberg 1989.

Die Wiedergabe von Gebrauchsnamen, Handelsnamen, Warenbezeichnungen usw. in diesem Werk berechtigt auch ohne besondere Kennzeichnung nicht zu der Annahme, daß solche Namen im Sinne der Warenzeichen- und Markenschutz-Gesetzgebung als frei zu betrachten wären und daher von jedermann benutzt werden dürften.
Sollte in diesem Werk direkt oder indirekt auf Gesetze, Vorschriften oder Richtlinien (z.B. DIN, VDI, VDE) Bezug genommen oder aus ihnen zitiert worden sein, so kann der Verlag keine Gewähr für Richtigkeit, Vollständigkeit oder Aktualität übernehmen. Es empfiehlt sich, gegebenenfalls für die eigenen Arbeiten die vollständigen Vorschriften oder Richtlinien in der jeweils gültigen Fassung hinzuzuziehen.
Gesamtherstellung: Copydruck GmbH, Heimsheim
2362/3020−543210

Geleitwort der Herausgeber

Futuristische Bilder werden heute entworfen:

o Roboter bauen Roboter,

o Breitbandinformationssysteme transferieren riesige Datenmengen in Sekunden um die ganze Welt.

Von der "menschenleeren Fabrik" wird da gesprochen und vom "papierlosen Büro". Wörtlich genommen muß man beides als Utopie bezeichnen, aber der Entwicklungstrend geht sicher zur "automatischen Fertigung" und zum "rechnerunterstützten Büro". Forschung bedarf der Perspektive, Forschung benötigt aber auch die Rückkopplung zur Praxis - insbesondere im Bereich der Produktionstechnik und der Arbeitswissenschaft.

Für eine Industriegesellschaft hat die Produktionstechnik eine Schlüsselstellung. Mechanisierung und Automatisierung haben es uns in den letzten Jahren erlaubt, die Produktivität unserer Wirtschaft ständig zu verbessern. In der Vergangenheit stand dabei die Leistungssteigerung einzelner Maschinen und Verfahren im Vordergrund. Heute wissen wir, daß wir das Zusammenspiel der verschiedenen Unternehmensbereiche stärker beachten müssen. In der Fertigung selbst konzipieren wir flexible Fertigungssysteme, die viele verkettete Einzelmaschinen beinhalten. Dort, wo es Produkt und Produktionsprogramm zulassen, denken wir intensiv über die Verknüpfung von Konstruktion, Arbeitsvorbereitung, Fertigung und Qualitätskontrolle nach. Rechnerunterstützte Informationssysteme helfen dabei und sollen zum CIM (Computer Integrated Manufacturing) führen und CAD (Computer Aided Design) und CAM (Computer Aided Manufacturing) vereinen. Auch die Büroarbeit wird neu durchdacht und mit Hilfe vernetzter Computersysteme teilweise automatisiert und mit den anderen Unternehmensfunktionen verbunden. Information ist zu einem Produktionsfaktor geworden, und die Art und Weise, wie man damit umgeht, wird mit über den Unternehmenserfolg entscheiden.

Der Erfolg in unseren Unternehmen hängt auch in der Zukunft entscheidend von den dort arbeitenden Menschen ab. Rationalisierung und Automatisierung müssen deshalb im Zusammenhang mit Fragen der Arbeitsgestaltung betrieben werden, unter Berücksichtigung der Bedürfnisse der Mitarbeiter und unter Beachtung der erforderlichen Qualifikationen. Investitionen in Maschinen und Anlagen müssen deshalb in der Produktion wie im Büro durch Investitionen in die Qualifikation der Mitarbeiter begleitet werden. Bereits im Planungsstadium müssen Technik, Organisation und Soziales integrativ betrachtet und mit gleichrangigen Gestaltungszielen belegt werden.

Von wissenschaftlicher Seite muß dieses Bemühen durch die Entwicklung von Methoden und Vorgehensweisen zur systematischen Analyse und Verbesserung des Systems Produktionsbetrieb einschließlich der erforderlichen Dienstleistungsfunktionen unterstützt werden. Die Ingenieure sind hier gefordert, in enger Zusammenarbeit mit anderen Disziplinen, z. B. der Informatik, der Wirtschaftswissenschaften und der Arbeitswissenschaft, Lösungen zu erarbeiten, die den veränderten Randbedingungen Rechnung tragen.

Beispielhaft sei hier an den großen Bereich der Informationsverarbeitung im Betrieb erinnert, der von der Angebotserstellung über Konstruktion und Arbeitsvorbereitung, bis hin zur Fertigungssteuerung und Qualitätskontrolle reicht. Beim Materialfluß geht es um die richtige Auswahl und den Einsatz von Fördermitteln sowie Anordnung und Ausstattung von Lagern. Große Aufmerksamkeit wird in nächster Zukunft auch der weiteren Automatisierung der Handhabung von Werkstücken und Werkzeugen sowie der Montage von Produkten geschenkt werden.

Von der Forschung muß in diesem Zusammenhang ein Beitrag zum Einsatz fortschrittlicher intelligenter Computersysteme erfolgen. Planungsprozesse müssen durch Softwaresysteme unterstützt und Arbeitsbedingungen wissenschaftlich analysiert und neu gestaltet werden.

Die von den Herausgebern geleiteten Institute, das

- Institut für Industrielle Fertigung und Fabrikbetrieb der Universität Stuttgart (IFF),

- Fraunhofer-Institut für Produktionstechnik und Automatisierung (IPA),

- Fraunhofer-Institut für Arbeitswirtschaft und Organisation (IAO)

arbeiten in grundlegender und angewandter Forschung intensiv an den oben aufgezeigten Entwicklungen mit. Die Ausstattung der Labors und die Qualifikation der Mitarbeiter haben bereits in der Vergangenheit zu Forschungsergebnissen geführt, die für die Praxis von großem Wert waren. Zur Umsetzung gewonnener Erkenntnisse wird die Schriftenreihe "IPA-IAO - Forschung und Praxis" herausgegeben. Der vorliegende Band setzt diese Reihe fort. Eine Übersicht über bisher erschienene Titel wird am Schluß dieses Buches gegeben.

Dem Verfasser sei für die geleistete Arbeit gedankt, dem Springer-Verlag für die Aufnahme dieser Schriftenreihe in seine Angebotspalette und der Druckerei für saubere und zügige Ausführung. Möge das Buch von der Fachwelt gut aufgenommen werden.

H. J. Warnecke · H.-J. Bullinger

Vorwort

Die vorliegende Dissertation entstand während meiner Tätigkeit als wissenschaftlicher Mitarbeiter am Fraunhofer-Institut für Arbeitswirtschaft und Organisation (IAO) in Stuttgart.

Dem Leiter des Instituts und Lehrstuhlinhaber am Institut für Industrielle Fertigung und Fabrikbetrieb der Universität Stuttgart, Herrn Prof.Dr.-Ing.habil. H.-J. Bullinger, danke ich für seine wohlwollende Unterstützung und Förderung bei der Durchführung der Arbeit.

Zu Dank verpflichtet bin ich Herrn Prof.Dr.-Ing. R. Hackstein von der RWTH Aachen für die kritische Durchsicht der Arbeit und die Übernahme des Mitberichts.

Darüber hinaus gilt mein Dank allen Mitarbeitern des IAO und den Partnern des Verbundprojektes "Integrierte Fertigung von Teilefamilien", die mir in zahlreichen Diskussionen wichtige Gesprächspartner waren. In besonderem Dank verbunden bin ich Herrn Dipl.-Kfm. Friedrich Hoffmann. Die intensive Zusammenarbeit insbesondere auf dem Gebiet der programmtechnischen Realisierung war für mich eine wertvolle Hilfe. Weiterhin danke ich Margret Röbig und Silke Uetz. Sie haben die Hauptlast der Schreib- und Zeichenarbeiten getragen.

Abschließend möchte ich mich bei meiner Frau Elke und meinen Kindern Christoph und Matthias für die große Geduld bedanken, mit der sie die familiären Belastungen des Verfahrens auf sich genommen haben.

Stuttgart, März 1989   Manfred Auch

Inhaltsverzeichnis								Seite

1	Einleitung	13
2	Aufgabenstellung und Zielsetzung	16
2.1	Der Begriff Teilefamilienbildung	16
2.2	Der Begriff teilautonome Fertigungseinheit	17
2.3	Stand der Forschung	21
2.3.1	Teilefamilienbildung durch Klassifizierung	21
2.3.2	Fertigungsablaufanalysen	23
2.3.3	Clusteranalytische Verfahren	26
2.3.4	Sonstige multivariate Analyseverfahren	28
2.4	Anforderungen an ein Teilefamilienbildungsverfahren	29
2.5	Zielsetzung der Arbeit und Vorgehensweise	32
3	Verfahren zur Gliederung eines Teilespektrums	36
3.1	Multivariate Analyseverfahren und ihre Einteilung	36
3.2	Untersuchung der clusteranalytischen Verfahren	38
3.2.1	Festlegung der Modellparameter	38
3.2.2	Anwendung ausgewählter Verfahren	41
3.2.3	Verwertbarkeit von Arbeitsplan-Informationen	44
3.3	Untersuchung von Faktorenanalyse und multidimensionaler Skalierung	45
3.4	Zusammenfassung der Untersuchungsergebnisse	47
4	Das Verfahren einer strukturierenden Teilefamilienbildung	49
4.1	Der Aufbau des Verfahrens	49
4.2	Das Ausgangsdatenmaterial	52
4.3	Der Datenauszug für die Clusterung	56
4.3.1	Aufbau der Verfahrensstufe "Datenauszug"	56
4.3.2	Analyse der Arbeitsdatei	56
4.3.3	Heuristische Gliederung des Teilespektrums	59
4.3.4	Aufbereitung der Bearbeitungsmaschinen	60
4.3.5	Aufbau der Bearbeitungs-Sequenz-Datei	61

		Seite
4.4	Der clusteranalytische Generierungsalgorithmus	64
4.4.1	Aufbau der Verfahrensstufe "Clusteranalyse"	64
4.4.2	Funktionsweise des Algorithmus zur Analyse der Ähnlichkeitsstruktur	66
4.4.3	Funktionsweise des Gruppierungsalgorithmus	70
4.4.4	Gliederung des Dendrogramms und Bildung der Teilefamilien	73
4.4.5	Rechenzeituntersuchungen	75
4.5	Bewertung der Gliederung in Teilefamilien und iterative Verbesserung	78
4.5.1	Aufbau der Verfahrensstufe "Bewertung und Verbesserung"	78
4.5.2	Zuordnung von Bearbeitungsmaschinen	80
4.5.3	Bewertung der teilautonomen Fertigungseinheit	83
4.5.4	Iterative Verbesserung des Teilefamilienvorschlags	89
4.6	Die Abschlußauswertung	91
4.7	Zusammenfassender Standardablauf	93
5	Anwendungserfahrungen beim Einsatz des Verfahrens hinsichtlich der Struktur einer Fertigung	96
5.1	Das Demonstrationsbeispiel	96
5.2	Die Ableitung alternativer Fertigungsstrukturen	98
5.3	Die Beurteilung des Maschinenbedarfs	102
5.4	Die Bewertung von Strukturalternativen	104
5.5	Komplettbearbeitung und Komplettverantwortung	107
5.6	Auswirkungen auf das Produktionsplanungs- und -steuerungssystem	110
6.	Leistungsvergleich für das Teilefamilienbildungsverfahren	114
6.1	Festlegung der Leistungskriterien	114
6.2	Ergebnis des Leistungsvergleichs	116

		Seite
7	Zusammenfassung und Ausblick	121
8	Literaturverzeichnis	125
9	Anhang	135

1   Einleitung

In der Forschung und Praxis zur Verbesserung der Produktion und der Produktionsbedingungen können gegenwärtig drei Hauptanstrengungen beobachtet werden:

o   die zunehmende Automatisierung des Fertigungsprozesses unter Einbeziehung der Handhabung und der Transportvorgänge,

o   der verstärkte Einsatz der Informationstechnologie mit dem Trend der Integration bisher eigenständiger Systeme von der Auftragserstellung über die Konstruktion bis zur eigentlichen Fertigung (Computer Integrated Manufacturing - CIM),

o   die Reorganisation der Aufgaben- und Ablaufstruktur in der Produktion, um Durchlaufzeiten zu reduzieren, kurzfristiger reagieren zu können und flexibler zu sein.

Diese Maßnahmen sollen dazu beitragen, den Anforderungen der Märkte gerecht zu werden. Aufgrund zunehmender Marktsättigung und verkürzten Produktlebenszyklen mußten viele Unternehmen Lieferzeiten verkürzen und ihr Produktspektrum stark erweitern. Zunehmende Kundenwünsche lassen die Anzahl von Typen und Varianten ansteigen bei jeweils abnehmenden Stückzahlen und kleineren Losen.

Die Reorganisation der Aufgaben- und Ablaufstruktur in Form einer überschaubaren Gliederung der Produktion, die Einbindung einzelner Maßnahmen in ein übergeordnetes Konzept für den Aufbau und die Gliederung einer Fabrik ist die Voraussetzung für eine effiziente Zielerreichung. Die Abstimmung der entstandenen Produktionsbereiche erfolgt mit Hilfe der Informationstechnologie. Eine hohe Produktivität jedes Bereiches wird durch eine flexible Automatisierung sichergestellt.

Ein solches übergeordnetes Konzept ist die Gliederung der Fabrik in teilautonome Fertigungseinheiten. Die Idee besteht darin, eine Gruppe ähnlicher Teile zu bilden, eine sogenannte Teilefamilie, die für die Bearbeitung benötigten Maschinen zu bestimmen und diese in einer räumlichen Einheit anzuordnen, so daß die Teile möglichst komplett vom ersten bis zum letzten Arbeitsgang innerhalb dieser Einheit gefertigt werden können. Der Name für diese Einheit ist Fertigungsnest, Fertigungszelle oder Fertigungsinsel (Dey, Möller /31/; Tuffentsammer /108/).

Bereits vor vielen Jahren wurde für diese Betrachtungsweise der Begriff Gruppentechnologie geprägt (Mitrofanow /75/; Warnecke, Osman, Weber /113/). Das gruppentechnologische Konzept ist geeignet, die Aufgaben- und Ablaufstruktur in der Produktion zu verbessern. Aufgrund der räumlichen Nähe der Maschinen, der kurzen Wege, der Übersichtlichkeit der Fertigung und der weitgehend vollständigen Bearbeitung der Teile kann eine Verkürzung der Durchlaufzeiten, Verringerung der Bestände und eine schnellere Reaktion auf unvorhergesehene Ereignisse ohne starke Beeinträchtigungen des Gesamtsystems erreicht werden.

In zahlreichen Veröffentlichungen wird über Erfolge berichtet, die Firmen mit der Einführung von Gruppentechnologie und Fertigungsinseln verzeichnen konnten (vgl. z.B. AWF /13/, /14/; Dähnert, Brechbühl /29/; Gauderon /42/; Hummel /53/; Maßberg /71/; Millar /74/; Vettin, Weber /110/; Weber, Zipse /117/). Mit Recht weist eine amerikanische Studie darauf hin, daß man bei der Interpretation dieser Erfolgsberichte vorsichtig sein muß (Flynn, Jacobs /38/). Nicht, weil diese Erfolgsberichte unzuverlässig wären, sondern häufig würde ein unzulässiger Vergleich gezogen. Es wird über die erfolgreiche Einführung von Fertigungsinseln berichtet. Anlaß der Einführung waren in der Regel kaum spezifizierte unbefriedigende Zustände in der Vergangenheit. Die Tatsache einer wirtschaftlichen Fertigung in der Gegenwart sagt allein jedoch nichts darüber aus, ob Fertigungsinseln die beste Lösung sind. Hätte man dieselben Planungsanstrengungen für eine andere Art der Rationalisierung des Ausgangszustandes erbracht, wären unter Umständen genau dieselben wirtschaftlichen Verbesserungen zu berichten gewesen oder vielleicht sogar noch höhere. In der Tat weisen Flynn/ Jacobs /38/ in Simulationsstudien nach, daß eine Fertigungsinsel-Organisation gegenüber einer Werkstatt-Organisation in verschiedenen Punkten Nachteile zeigt.

Bisher fehlen Methoden und Verfahren zur Strukturierung einer Fertigung, die eine übergeordnete Gesamtschau und eine Transparenz der Zusammenhänge ermöglichen, und damit helfen, die Qualität einer gruppentechnologischen Fertigungsstruktur zu beurteilen. Das Prinzip der Gruppentechnologie bzw. Fertigungsinsel kann nicht zum Selbstzweck erhoben werden. Es muß seine Berechtigung unter Beweis stellen, sei es gegenüber einer Werkstatt-Fertigung oder gegenüber eines jeden anderen Fertigungsprinzips.

In dieser Arbeit wird eine Vorgehensweise vorgeschlagen, die von der Gliederung des Teilespektrums in Teilefamilien über eine Zuordnung von teilautonomen Fertigungseinheiten zur Strukturierung der kompletten Fertigung führt. Dazu wird ein entsprechendes Teilefamilienbildungsverfahren entwickelt und erprobt. Inwiefern dann Fertigungsinseln mit Komplettbearbeitung entstehen, ist allein Ergebnis wirtschaftlicher Überlegungen. Anwendungsschwerpunkt soll die Teilefertigung von Maschinenbaubetrieben mit typisch kleinen Losgrößen sein.

2 Aufgabenstellung und Zielsetzung

2.1 Der Begriff Teilefamilienbildung

Der Gedanke der Bildung von Teilefamilien ist fast so alt wie die Fertigung selbst. Hahn/Kuhnert/Roschmann /46/ geben einen Überblick über die anfängliche Literatur und nennen als Ziele für die Bildung von Teilefamilien:

- Wiederholteilefindung
- Bildung von Scheinlosen und Teilefamilien-Fertigung
- Erleichterung für die Kalkulation
- Erleichterung von Planungsarbeiten für Investitionen
- Grundlage für die technische Normung.

Entsprechend dieser breiten Aufgabenstellung gibt es sehr unterschiedliche Gesichtspunkte, nach denen Teilefamilien gebildet werden können. Arn /3/ unterscheidet z.B.:

o Gestaltfamilien: Die Gliederung der Teile erfolgt nach der Form, es handelt sich um das Arbeitsgebiet der Konstruktion, Ziel ist die Standardisierung und Typisierung der Teile

o Bearbeitungsfamilien: Die Gliederung erfolgt nach den Bearbeitungsverfahren, es handelt sich um das Arbeitsgebiet der Arbeitsvorbereitung, Ziel ist die Vereinheitlichung der Fertigungspläne

o Ablauffamilien: Die Gliederung erfolgt nach dem Fertigungsablauf, es handelt sich um das Arbeitsgebiet der Fertigung, Ziel ist die Gruppierung von Maschinen.

Saak /90/ verwendet den Begriff Teilefamilie nur, wenn eine Gliederung nach der Formähnlichkeit vorliegt. Bei einer Gliederung nach Fertigungsähnlichkeiten spricht er von Fertigungsfamilie, d.h. er unterscheidet nicht mehr nach Bearbeitungs- und Ablauffamilien wie Arn /3/.

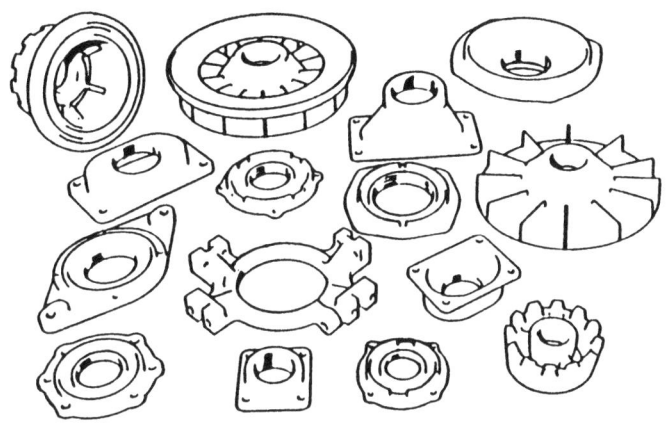

Bild 1: Beispiel einer Teilefamilie, gebildet nach dem Bearbeitungsverfahren und dem Fertigungsablauf

Für die Aufgabenstellung der Gliederung und Strukturierung einer Fabrik hat die Teileform nur eine untergeordnete Bedeutung. Wichtig sind die Bearbeitungsverfahren und noch wichtiger der Fertigungsablauf. Wenn in dieser Arbeit von Teilefamilienbildung gesprochen wird, dann im Sinne von Bearbeitungs- und Ablauffamilien nach der Definition von Arn /3/. Bild 1 zeigt das typische Beispiel einer solchen Teilefamilie.

2.2 Der Begriff teilautonome Fertigungseinheit

Die Gliederung des Teilespektrums in Gruppen ähnlicher Teile, so daß jeder Teilegruppe eine Gruppe von Betriebsmitteln zugeordnet werden kann, die räumlich zusammenstehen, wobei eine weitgehende Komplettbearbeitung der Teile durch diese Betriebsmittel möglich sein soll, bezeichnet man als das Prinzip der Gruppentechnologie. Der Begriff Gruppentechnologie wurde von Sokolowskij 1949 eingeführt (nach Tuffentsammer /107/) und anschließend von Mitrofanow /75/ detailliert.

Zunächst begann man bei der Gruppentechnologie die Teilefamilien nach der Form der Teile zu bilden (Mitrofanow /75/). Sehr bald wird dies aber ergänzt um eine Gliederung nach dem Bearbeitungsverfahren, dem Bearbeitungsablauf, dem Fertigungsablauf und dem Materialfluß (vgl. Burbidge /24/; Warnecke, Osman, Weber /113/).

Das Ergebnis der Gruppentechnologie sind sogenannte Fertigungsinseln bzw. Fertigungszellen. Ahlmann /1/ demonstriert sehr anschaulich die Entflechtung des Materialflusses beim Aufbau von Fertigungsinseln an einem Beispiel (Bild 2). Während in der Vergangenheit die Begriffe Fertigungsinsel und Fertigungszelle weitgehend synonym verwendet wurden (vgl. Osman /83/; Saak /90/; Wolf /121/), wird heute unter Fertigungszelle in der Regel eine automatisierte Fertigungseinrichtung verstanden, eine Bearbeitungsmaschine mit einer Handhabungseinheit oder mehrere Bearbeitungsmaschinen verkettet mit einem Handhabungsgerät speziell mit einem Roboter (Dey, Moeller /31/; Lay /67/; Warnecke, Steinhilper, Schütz /114/). Der Begriff Fertigungsinsel dient als Bezeichnung für die organisatorische Einheit ohne eine Festlegung des Automatisierungsgrades (vgl. AWF /13/, /14/; Herzog /52/). Fertigungsinsel ist damit ein Oberbegriff von Fertigungszelle.

In dem Beispiel von Ahlmann /1/ wird weiterhin gezeigt, daß Fertigungsinseln auch zu einer Entflechtung des Informationsflusses führen (Bild 3). Ein großer Teil der Informationsbeziehungen läuft innerhalb der Fertigungsinseln ab. Damit wird eine Dezentralisierung und Modularisierung der dispositiven Aufgaben möglich. Zentral verbleiben lediglich eine Rumpf-Arbeitsvorbereitung, eine Rumpf-Fertigungssteuerung, ein Rumpf-Werkzeugwesen usw..

Das Organisationsprinzip der Fertigungsinsel ermöglicht weitgehend unabhängige Fertigungseinheiten im Betrieb. Das gilt sowohl hinsichtlich des Materialfusses, als auch hinsichtlich des Informationsflusses mit den bereits genannten Vorteilen.

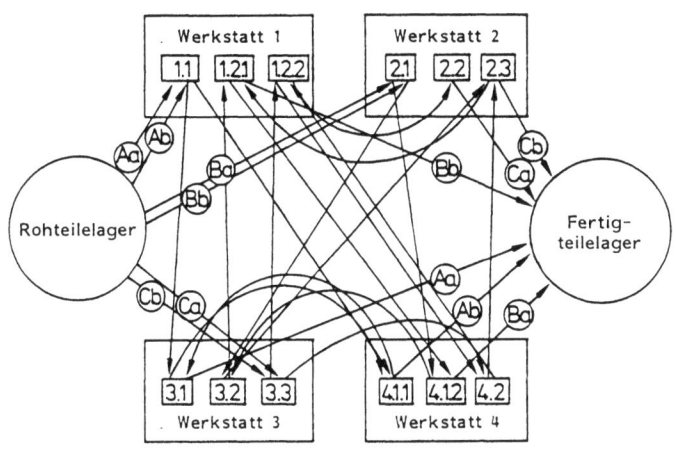

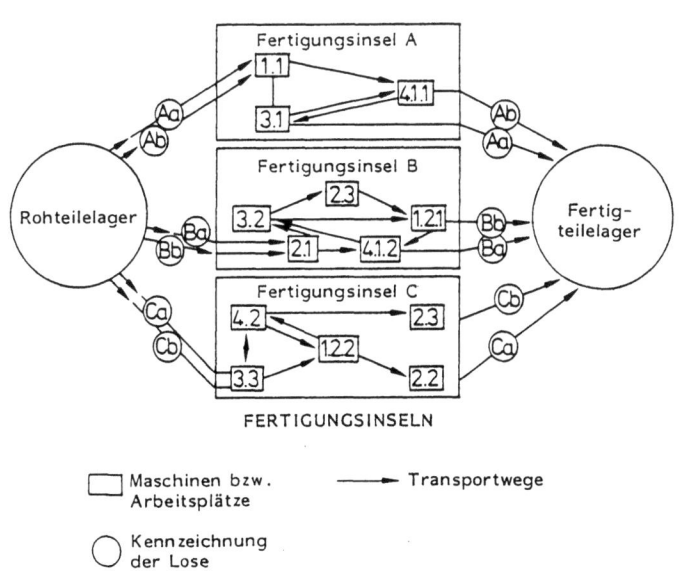

Bild 2: Materialfluß bei Werkstattfertigung und bei Fertigungsinseln (nach Ahlmann /1/)

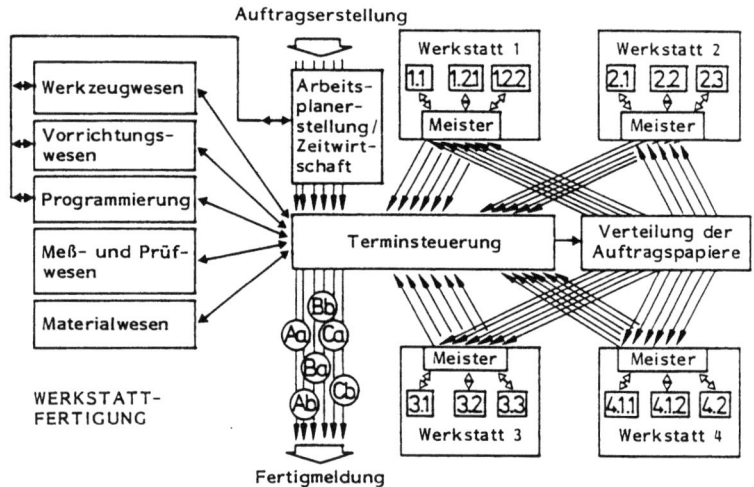

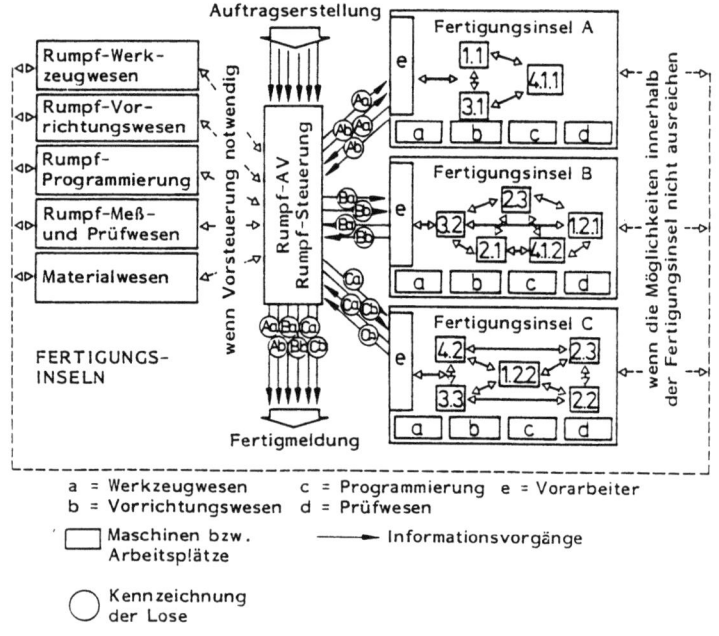

Bild 3: Informationsfluß bei Werkstattfertigung und bei Fertigungsinseln (nach Ahlmann /1/)

Der Begriff "Insel" erweist sich allerdings häufig als zweideutig. Als sogenannte "Insel-Lösung" wird er mit einem negativen Inhalt verbunden (Bullinger /18/). Gemeint ist, daß bei betrieblichen Planungen häufig Einzel-Lösungen entwickelt werden, die nicht in das Gesamtgeschehen eingebunden sind, damit unsystematisch sind und häufig mehr stören als nützen.

Um keine Mißverständnisse aufkommen zu lassen, wird in dieser Arbeit für den Sachverhalt der Fertigungsinseln von teilautonomen Fertigungseinheiten gesprochen. Teilautonomie deshalb, weil eine vollständige Unabhängigkeit der Fertigungseinheiten häufig nicht vorliegt oder erreicht werden kann. Der Begriff teilautonome Fertigungseinheit weist auf den Vernetzungscharakter hin und ebenso auf die Aufgliederung der Fertigung in Untereinheiten, eine Intention, die mit dieser Arbeit verfolgt wird.

2.3 Stand der Forschung

2.3.1 Teilefamilienbildung durch Klassifizierung

Das bekannteste und älteste Verfahren zur Bildung von Teilefamilien ist der Einsatz eines Klassifizierungssystems. Die Klassifizierung stand ursprünglich im Zusammenhang mit dem betrieblichen Nummerungssystem (REFA /88/, Teil 1, S. 334). Die bis 1970 bekannten Klassifizierungs- und Nummerungssysteme werden von Hahn/Kuhnert/Roschmann /46/ beschrieben.

Eine weite Verbreitung hat das werkstückbeschreibende Klassifizierungssystem von Opitz (Opitz /79/, /80/, /81/) gefunden, worauf noch heute immer wieder zurückgegriffen wird (vgl. z.B. Bachmann /15/; Beckendorff, Timm /16/; Bußmann, Freist, Hesselmann, Schunke /26/; Ehrlich, Freist /35/; Eversheim /37/; Freist, Granow /40/, /41/; Granow /43/; Tönshoff, Bußmann, Granow /106/). Die Zielsetzung des werkstückbeschreibenden Klassifizierungssystems ist die Wiederholteilefindung und die Teilefamilienbildung. Damit sollen sowohl die Anforderungen des Konstruktions- und Normenbereichs als auch die des Arbeitsvorbereitungs- und Fertigungsbereichs erfüllt werden. Als Leitmerkmale für die Klassifizierung werden Formmerkmale herangezogen.

Bei einem formorientierten Schlüssel kann der Fertigungsablauf verschiedener Teile gleich sein, auch wenn die Teile eine unterschiedliche Klassifizierung besitzen (vgl. das Beispiel bei Lutz /69/). Lutz /69/ entwickelte daraufhin eine "fertigungsbeschreibende Systemordnung für das Drehen von Einzelteilen und Kleinserien". Nicht nur einmalig für das Teil, sondern für jede Spannperiode eines Werkstücks wird nach der vorzunehmenden Drehbearbeitung klassifiziert, indem eine achtstellige "Fertigungsschlüsselnummer" festgelegt wird. Durch diese detaillierte Behandlung der technologischen Merkmale gelingt es, den Fertigungsablauf von Drehteilen vollständig zu beschreiben.

Parallel dazu wird eine Klassifizierung der zur Verfügung stehenden Maschinen und ihrer Einrichtungen durchgeführt. Dafür werden die maschinenbezogenen Abschnitte der Teileklassifizierung direkt übernommen. Auf diese Weise wird unmittelbar eine Zuordnung von Teil und Fertigungseinrichtung erreicht.

Fortgeführt werden diese Arbeiten von Lueg /68/ und Moll /76/. Der Ansatz wird auf das Drehen, Fräsen, Bohren und Schleifen erweitert und konzeptionell über Brückenbeispiele zur Verschlüsselung vereinheitlicht. Damit kann ein Bearbeitungsprofil eines Teilespektrums mit dem Maschinenprofil der Betriebsmittel verglichen werden. Aus der Gegenüberstellung der Profile lassen sich Maßnahmen für die Strukturierung der Fertigung ableiten.

Die Klassifizierung von Werkstücken mit Hilfe einer Nummernsystematik besitzt den Nachteil, daß für die Codierung ein sehr hoher Aufwand notwendig ist. Tönshoff/Bußmann/Granow /106/ haben Untersuchungen gemacht hinsichtlich des Zeitaufwandes, den Fehlerquoten und dem Informationsgehalt verschiedener Klassifizierungssysteme. So reicht der Zeitaufwand für geübte Personen von ca. 5 min pro Teil für das Opitz-System bis zu ca. 15 min bei aufwendigen Werkstückbeschreibungen von der Art der Systeme von Lueg und Moll.

Weitere Nachteile beruhen auf der fest vorgegebenen Anzahl und Art der zu codierenden Merkmale. Verändern sich die Anforderungen an die Klassifizierung im Laufe der Zeit durch ein sich verschiebendes Werkstückspektrum, so kann dieser Entwicklung nur mit Mühe gefolgt werden. Eine Anpassung der Codierung würde Korrekturen an allen bisher klassifizierten Werkstücken zur Folge haben.

Insofern kann es nicht verwundern, daß nach anfänglich großem Interesse an der Klassifizierung die zeitweise erheblichen Anstrengungen der Fertigungsindustrie zur Nutzung der Vorteile in Konstruktion und Fertigung inzwischen weitgehend eingestellt wurden (REFA /88/, Teil 1, S. 479). Daran ändern offensichtlich auch die verbesserten Auswertungsmöglichkeiten mit Hilfe elektronischer Datenverarbeitungsanlagen nichts. Zwar besitzen viele Firmen ein Klassifizierungssystem, das bereits vor Jahren im Zuge der großen Popularität eingeführt wurde, aber der Pflegezustand ist in der Regel schlecht. Die Klassifizierung scheidet daher aufgrund des hohen Aufwandes als Teilefamilienbildungsverfahren zum Zwecke der Gliederung einer Fabrik in teilautonome Einheiten aus.

2.3.2 Fertigungsablaufanalysen

Im Zuge der gruppentechnologischen Diskussion geht Burbidge bereits 1963 der Frage nach, wie Fertigungsablauffamilien aus einem breiten Teilespektrum heraus gebildet werden können. Er schlägt ein Verfahren vor, das er "Production Flow Analysis" (PFA, Fertigungsablaufanalyse) nennt. Über mehrere Entwicklungsstufen wird das Verfahren verbessert (Burbidge /21/, /22/, /23/). Im wesentlichen handelt es sich dabei um ein Sortierprogramm. Ausgegangen wird von einer binären Teile-Maschinen-Matrix. Eine Markierung bedeutet, daß für die Bearbeitung des Teils die entsprechende Maschine benötigt wird, eine fehlende

Markierung besagt, daß dies nicht der Fall ist. Zeilen und Spalten werden nun so umsortiert, daß gleiche oder ähnliche Teile sowie die zugehörigen Maschinen nebeneinander angeordnet werden. Auf diese Weise bilden sich Teilegruppen und Maschinengruppen (vgl. Bild 4). Über einige "Ausreißer" ist gesondert zu entscheiden.

Die Arbeiten von Burbidge können als grundlegend für die Gruppentechnologie bezeichnet werden. Eine Vielzahl von Arbeiten beschäftigt sich bis heute mit der Lösung des Production-Flow-Analysis-Problems. In Deutschland wurden entsprechende Programme entwickelt bzw. angewendet z.B. von Wolf /120/, /121/, Weber /115/ und Saak /90/. Einen Überblick über die angelsächsischen Entwicklungen geben Kusiak /62/, /63/ sowie Ham/Hitomi/Yoshida /47/.

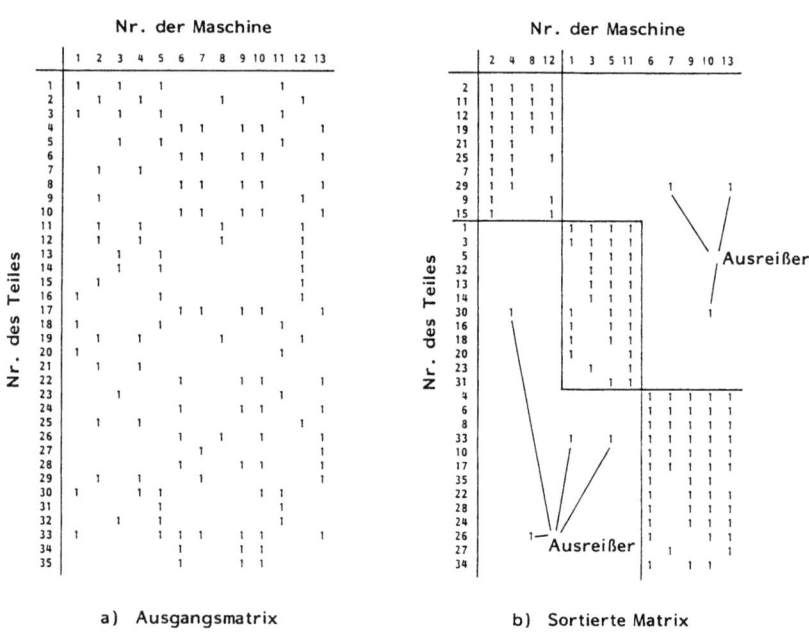

Bild 4: Production Flow Analysis: Teile-Maschinen-Matrix, a: Ausgangsmatrix, b: Sortierte Matrix (in Anlehnung an Burbidge /24/)

Hier wird auch eine Zusammenfassung der Aspekte der Produktionsplanung und -steuerung, der Maschinenauslastung, der Arbeitsplanerstellung und der Layout-Planung gegeben.

Es fällt auf, daß die meisten der angelsächsischen Arbeiten sich um die algorithmische Lösung des Zuordnungsproblems bemühen. Die Algorithmen werden an Demonstrationsdatensätzen erläutert. Anwendungen in der betrieblichen Praxis liegen in der Regel kaum vor. Insbesondere ist eine Anwendung bei größeren Datensätzen, wie z.B. der Gliederung des gesamten Teilespektrums nicht bekannt.

Ein Verfahren, das Einsatz in der betrieblichen Praxis gefunden hat, wurde von Burkhardt entwickelt (vgl. Burkhardt /25/; Heinz, Burkhardt /50/, /51/). Es dient zum Auffinden und Herausfiltern sogenannter "Partial-Ablaufgruppen". Das Fertigungsprogramm wird hinsichtlich sogenannter "auffälliger" Teile untersucht. Dies kann nach verschiedenen Gesichtspunkten wie Stückzahlen, Losgrößen, Häufigkeiten usw. erfolgen. Damit erhält man Schwerpunkte in der Fertigung, die die Auswahl von Repräsentativteilen erlauben. Die Fertigungsablauffamilienbildung orientiert sich an einem ausgewählten Repräsentativfall, zu dessen Fertigungsablauf gleiche oder in Teilbereichen gleiche Teile aussortiert werden. EDV-gestützt kann dabei das komplette Teilespektrum eines Betriebes untersucht werden.

Eine Ablaufgruppe wird definiert auf Basis eines übereinstimmenden Teilausschnitts aus den Fertigungsabläufen der Teile dieser Ablaufgruppe, des Partialablaufs (Burkhardt /25/, S. 237). Die zum Partialablauf gehörenden Maschinen bilden den Kern einer teilautonomen Fertigungseinheit. Auf diese Weise lassen sich einzelne teilautonome Fertigungseinheiten finden. Eine Gesamtgliederung der Fertigung ist aufgrund dieser Einzelbetrachtungen jedoch nur schwer möglich.

2.3.3 Clusteranalytische Verfahren

Die Clusteranalyse gehört zu den multivariaten Analysemethoden (Schuchard-Ficher, Backhaus u.a. /98/). Man versteht darunter ein Verfahren zur Gruppenbildung. Die Objekte einer Gruppe sollen dabei eine weitgehend verwandte Eigenschaftsstruktur aufweisen, d.h. sich möglichst ähnlich sein. Zwischen den Gruppen sollen demgegenüber (so gut wie) keine Ähnlichkeiten bestehen. Ein wesentliches Charakteristikum der Clusteranalyse ist die gleichzeitige Heranziehung aller vorliegenden Eigenschaften zur Gruppenbildung (vgl. z.B. Eckes, Roßbach /34/; Schaller /93/; Steinhausen, Langer /105/). Die Clusteranalyse wird auch als automatische Klassifikation (Bock /17/; Vogel /111/) oder numerische Taxonomie (Opitz /82/) bezeichnet.

Gegenüber der Klassifizierung mit dem hohen Aufwand und der geringen Anpaßbarkeit an veränderte Anforderungen besitzt die Clusteranalyse den Vorteil, daß je nach Aufgabenstellung unterschiedliche Merkmale in die Gruppenbildung einbezogen werden können. Bei neueren Verfahren entfällt weiterhin häufig eine gesonderte Datenerhebung, da man sich bemüht, möglichst viele Merkmale direkt ohne Verschlüsselung aus gespeicherten EDV-Datenbeständen wie z.B. Arbeitsplänen zu übernehmen (Abmessungen, Werkstoffe, Bearbeitungsvorschriften usw., vgl. Freist, Granow /40/, /41/. Damit ist die Clusteranalyse sehr flexibel und auf die unterschiedlichsten Aufgabenstellungen anpaßbar.

Zimmermann /122/ erläutert die Clusteranalyse und ihre Anwendungsmöglichkeiten bei der Typenbildung von Sortimenten und Teilen. Kälberer /55/ versucht das Produktspektrum so zu untergliedern, daß es bestimmten Produktionsstätten zugeordnet werden kann. Die Produkte werden dabei hinsichtlich der Fertigungsverfahren, dem "Technik-Niveau" und dem Stückzahlbereich (Einzelfertigung, Serienfertigung usw.) untergliedert. Die Klassifizierung von Werkstücken vor dem Hintergrund der Möglichkeit des Einsatzes von Standardarbeitsplänen ist Gegenstand einer weiteren Arbeit von Kälberer /57/. Michaelis /73/ klassifiziert die Werkstücke hinsichtlich Arbeitsraum, Leistung usw.

Freist, Granow /40/, /41/ verbinden mehrere Cluster-Analyse-Techniken zu einem System CLASSIC, das zum Auffinden von Gruppen ähnlicher Werkstücke eingesetzt wird. Ziel ist die Erleichterung von Entscheidungen bei der Investititionsplanung bei der Frage zwischen Standard- und Sonderbetriebsmitteln.

Demonstriert wird dies am Beispiel der Auslegung von Greifern für ein Werkstückhandhabungssystem. Folgearbeiten (Beckendorff, Timm /16/; Bußmann, Freist u.a. /26/; Ehrlich, Freist /35/; Granow /43/) zeigen weitere Beispiele im Zusammenhang mit der Investitionsplanung sowie der Bildung von Rüstfamilien.

Die Clusteranalyse wird nicht nur für die Klassifizierung von Werkstücken nach den unterschiedlichsten Gesichtspunkten verwendet, sondern auch für die Fragestellung der Production-Flow-Analysis. Einer der ersten Vorschläge zum Einsatz der Clusteranalyse für die Ablauffamilienbildung stammt von McAuly /72/.

Das umfangreiche und detaillierte Clusterverfahren von Weber /115/, /116/ geht, wie bei den Sortierprogrammen, von einer Teile-Maschinen-Matrix aus. Basis für die Clusterung ist die Berechnung eines sogenannten Ähnlichkeitskoeffizienten für die zu vergleichenden Objekte. Durch eine zweimalige Anwendung des Clusterverfahrens, einmal auf die Teile und dann auf die Maschinen, wird die Teile-Maschinen-Matrix umsortiert, so daß zusammengehörende Teile und Maschinen nebeneinander stehen.

Es wurden zahlreiche Versuche unternommen, auftretende methodische Probleme hinsichtlich geeigneter Ähnlichkeitskoeffizienten und Algorithmen durch Anpassung und Verbesserung der Clusterverfahren zu lösen. So experimentiert De Witte /119/ mit verschiedenen Ähnlichkeitskoeffizienten; Rajagopalan, Batra /87/ wenden ein graphentheoretisches Verfahren an. King entwickelte ein Rangordnungsverfahren auf Basis der Clusteranalyse (Rank Order Clustering = ROC) und verbesserte dies in mehreren Stufen (vgl. King /58/, /59/; King, Nakornchai /60/).

Zahlreiche weitere Verfahren zur Lösung des Production-Flow Analysis-Problems arbeiten mit clusteranalytischen Verfahren (vgl. z.B. Dutta, Lashkari u.a. /33/; Enscore, Knott, Niebel /36/; Han, Ham /48/; Kusiak /62/; Posner /85/; Stanfel /104/). Sie beschäftigen sich in der Regel mit dem mathematischen Algorithmus und haben bisher kaum Einsatz in der industriellen Praxis erfahren.

2.3.4 Sonstige multivariate Analyseverfahren

Die Clusteranalyse ist für zahlreiche weitere Problemstellungen der Analyse von Ähnlichkeitsstrukturen eingesetzt worden. Güttler /44/ und Kälberer /56/ klassifizieren z.B. Arbeitsplätze hinsichtlich ähnlicher Anforderungen, um damit Maßnahmenschwerpunkte für die Arbeitsgestaltung aufzuzeigen. Speith /103/ klassifiziert Produktionsplanungs- und steuerungs-(PPS)- Systeme, um PPS-Systeme mit ähnlichen Fähigkeitsprofilen bestimmten Betriebstypen zuzuordnen. Schilde /96/ bildet bei der Ermittlung von Rationalisierungsmaßnahmen Ursachengruppen für Störungen des Produktionsprozesses.

Es entsteht die Frage, ob auch andere multivariate Analyseverfahren für die Zwecke der Klassifizierung und Typenbildung, hier speziell der Teilefamilienbildung geeignet sind. So setzt z.B. Specht /101/, /102/ die Faktorenanalyse zur Bildung von Betriebstypen nach ihrer Fertigungsstruktur ein.

Eine Kombination verschiedener multivariater Verfahren verwendet Rabus /86/ zur Typologie der Betriebe im Maschinenbau, um für jeden Betriebstyp ein geeignetes Fertigungssteuerungsverfahren angeben zu können. Zunächst benutzt er die Diskriminanzanalyse, um festzustellen, welche Merkmale aus einer umfangreichen Merkmalsliste für definierte Aufgaben der Fertigungssteuerung von besonderer Bedeutung sind. Anschließend wird eine Faktorenanalyse eingesetzt zur Beseitigung von Abhängigkeiten (Korrelationen) zwischen den Merkmalen und einer weiteren Merkmalsreduzierung. Auf dieser Basis erfolgt dann die eigentliche Gruppierung der Betriebe mit Hilfe der Clusteranalyse.

Auch Freist /39/ setzt eine Kombination multivariater Analyseverfahren ein. Die Clusteranalyse wird verwendet zum Aufzeigen von Werkstückähnlichkeiten unter Nutzung der in CAD/CAM-Systemen gespeicherten Informationen. Die Diskriminanzanalyse und Regressionsanalyse wird eingesetzt zur Einordnung neuer Werkstücke in eine vorhandene Klassifikation.

Die multidimensionale Skalierung (ein Verfahren, das die Beziehungen zwischen Objekten räumlich abbildet) wird von Auch /6/ und Bullinger/Auch /19/ bei der Typologisierung von Arbeitsplatzanforderungen zur Ableitung von Arbeitsgestaltungsmaßnahmen eingesetzt. Dichtl, Schobert (/32/, S. 123ff) benutzen die multidimensionale Skalierung beim Production-Flow-Analysis-Problem. Ausgegangen wird von einer Teile-Maschinen-Matrix, die zusätzlich die Information enthält, in welcher Reihenfolge die Maschinen von den Teilen belegt werden. Das Ergebnis ist ein sogenannter Konfigurationsraum, in dem die Maschinen plaziert werden. Sie werden umso näher zueinander angeordnet, je mehr Teile diese Maschinen in ihrem Fertigungsablauf benötigen. Demonstriert wird das Verfahren an einem Testdatensatz mit 20 Teilen. Weitere Anwendungen der multidimensionalen Skalierung für diesen Gegenstandsbereich sind nicht bekannt.

2.4 Anforderungen an ein Teilefamilienbildungsverfahren

Wie gezeigt wurde, sind bereits zahlreiche Verfahren zum Erkennen von Teilefamilien bekannt. Vernachlässigt man die Klassifizierung aus den genannten Gründen, so handelt es sich dabei im wesentlichen um Sortierverfahren und clusteranalytische Verfahren. Die Eignung der sonstigen multivariaten Analyseverfahren für die Teilefamilienbildung ist noch zu untersuchen. Alle bekannten Anwendungen beziehen sich auf eng eingegrenzte Problemfälle. Die Gliederung des kompletten Teilespektrums einer Fabrik mit dem Ziel einer Neustrukturierung der Fertigung in teilautonome Fertigungseinheiten steht bisher aus.

Insbesondere jene Verfahren, die dem Herausfinden einer geeigneten Teilefamilie für eine automatisierte Fertigungseinheit, d.h. einer Fertigungszelle oder einem flexiblen Fertigungssystem, dienen, sind hinsichtlich ihrer Bedeutung für die industrielle Praxis fragwürdig. Einem Fertigungsplaner in einem Unternehmen, der seine Teile und seine Maschinen sehr gut kennt, wird es in der Regel kaum größere Probleme bereiten, eine geeignete Teilefamilie und die dazugehörigen Maschinen zu finden.

Der Fertigungsplaner wird solche Teile heraussuchen, die eine hohe Stückzahl aufweisen und eine ähnliche Form haben. Häufig kann damit eine Fertigungszelle oder ein flexibles Fertigungssystem ausgelastet werden. In diesem Fall besteht kein Bedarf für einen möglicherweise komplizierten Teilefamilienbildungs-Algorithmus. Die Auswahl der Teile ist wie das Herauspicken von Rosinen aus einem Kuchen. Aus diesem Grunde soll eine solche Lösung als "Rosinen-Lösung" bezeichnet werden (Auch /7/, vgl. Bild 5). Dieses Vorgehen ist in der Praxis weit verbreitet, insbesondere im Zusammenhang mit dem Aufbau automatisierter Einheiten und besitzt den Vorteil, daß es kaum Aufwand verursacht.

Eine Rosinen-Lösung ist schnell aufgefunden, in der Regel auch eine zweite und eine dritte. In der Folge wird es dann immer schwieriger, weitere "Rosinen" zu entdecken, die eine neue Fertigungszelle auslasten. Der Weg kommt an ein Ende und es verbleibt sehr häufig eine sehr große Anzahl an Teilen in unstrukturierter Form. Dies kann daher nicht das richtige Konzept zur Gliederung einer Fertigung sein.

Ein Teilefamilienbildungsverfahren, das die Reorganisation der kompletten Fertigung zum Ziel hat, muß eine vollständige Gliederung der Fertigung in Untereinheiten gewährleisten. Jede Untereinheit sollte eine eigenständige Teilefamilie, Baugruppe oder auch Produkt herstellen und damit möglichst autonom sein. Eine solche Lösung soll strukturelle Lösung genannt werden, da sie der Fertigung eine neue Struktur gibt (vgl. Bild 6). Die strukturelle Lösung stellt eine Gesamtschau der Fertigung dar und man ist in der Lage, das Beziehungsgefüge zwischen den Untereinheiten zu beurteilen. Das Risiko, Sub-Optima zu bilden wie bei der "Rosinen-Lösung", ist stark reduziert.

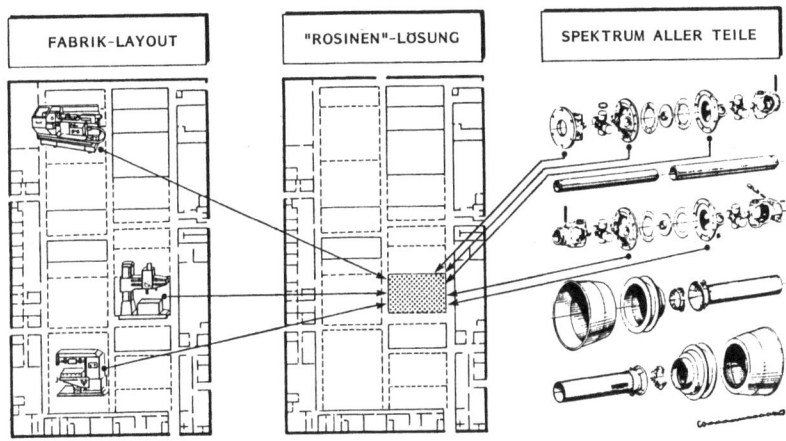

Bild 5: Planung von teilautonomen Fertigungseinheiten: Rosinenlösung

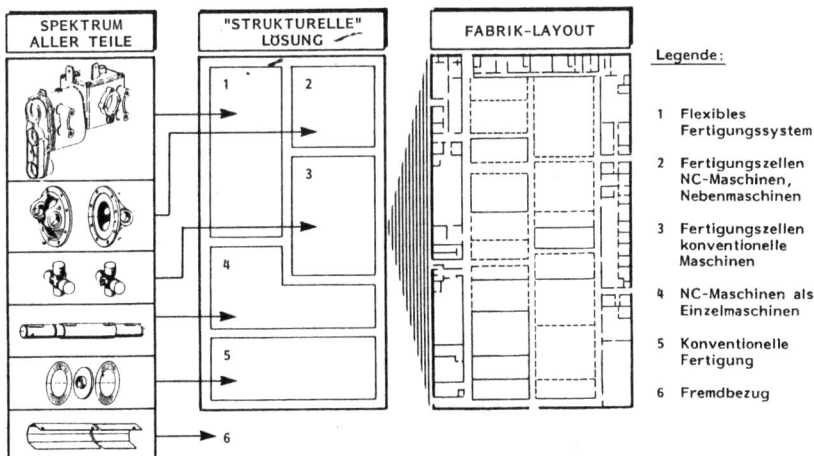

Bild 6: Planung von teilautonomen Fertigungseinheiten: strukturelle Lösung

Weiterhin wird bei der strukturellen Lösung der Automatisierungsgrad nicht von vorne herein festgelegt. Die Untereinheiten werden allein aufgrund technologischer Notwendigkeiten gebildet. Erst anschließend wird über Automatisierungsmöglichkeiten nachgedacht. Für eine Untereinheit kann ein flexibles Fertigungssystem die richtige Lösung sein, für eine andere Untereinheit die Fertigungsinsel nach dem Konzept von Haupt- und Nebenmaschinen (Auch, Bullinger, Seidel, Stockert /11/). Weiterhin wird es nach wie vor Anwendungsfälle für den Einsatz von NC-Maschinen als Einzelmaschinen und für konventionelle Maschinen geben (vgl. Bild 6). Die Konsequenz des Ansatzes zeigt sich darin, daß jene Teile, die innerhalb der strukturellen Lösung nicht gefertigt werden können, wie das in Bild 6 gezeigte Blechteil, in Zukunft fremdbezogen werden.

2.5 Zielsetzung der Arbeit und Vorgehensweise

Ziel dieser Arbeit ist die Entwicklung und Erprobung eines Teilefamilienbildungsverfahrens, wobei die Gliederung in Teilefamilien der Fertigung eine Struktur geben soll. Daher wird von einem strukturierenden Teilefamilienbildungsverfahren gesprochen. Es wird die strukturelle Lösung nach Bild 6 verfolgt. Teillösungen (Rosinenlösungen) werden ihre Bedeutung für die industrielle Praxis aufgrund ihres einfachen Lösungsweges behalten. Sie können in die Betrachtung einbezogen werden, indem sie Bestandteil der zu erarbeitenden Gesamtstruktur werden. Für das strukturierende Teilefamilienbildungsverfahren bedeutet dies:

o   Die Gliederung des gesamten Teilespektrums muß möglich sein.

o   Es muß ein Gesamtüberblick der Fertigung gegeben werden können.

o   Einzelne Teilefamilien sind in den Gesamtzusammenhang einordenbar.

o   Aus der Gliederung des Teilespektrums lassen sich Vorschläge für die Gliederung und die Struktur der Fertigung ableiten.

o   Insbesondere muß aus der Gliederung des Teilespektrums die Ableitung teilautonomer Fertigungseinheiten möglich sein.

Die Forderung der Ableitung von teilautonomen Fertigungseinheiten aus der Teilefamilie hat zur Folge, daß die Gliederung des Teilespektrums nach Bearbeitungs- oder Ablauffamilien zu erfolgen hat. Nur hier ist ein direkter Zugang zum Bearbeitungsverfahren oder sogar zum benötigten Betriebsmittel möglich. Eine Teilefamilienbildung auf Basis einer Funktions-, Form- oder Eigenschaftsbetrachtung der Teile scheidet daher aus.

Die Forderung, das gesamte Teilespektrum betrachten zu können, hat zur Folge:

o   Es müssen große Datenmengen verarbeitet werden.

o   Das Teilefamilienbildungsverfahren sollte damit EDV-gestützt sein.

o   Es sollten keine gesonderten Datenerhebungen notwendig sein, d.h. Verwendung von Ausgangsdaten, die im Unternehmen bereits auf elektronischen Datenträgern verfügbar sind.

Für das strukturierende Teilefamilienbildungsverfahren soll weiterhin gelten:

o   Interaktive Eingriffe sind möglich.

o   Das Ergebnis kann iterativ verbessert werden.

Wie die Arbeiten von Ammer /2/ und Schad /91/ gezeigt haben, können allein auf algorithmischem Wege nicht so gute Ergebnisse erzielt werden wie mit einem unterstützenden interaktiven Eingriff. Auf diese Weise kann auch Erfahrungswissen in den Lösungsprozess eingebracht werden. Dies soll bei dem strukturierenden Teilefamilienbildungsverfahren von vorne herein berücksichtigt werden. Das Verfahren liefert Lösungsvorschläge, die sowohl durch manuelle Eingriffe beeinflußt als auch iterativ verbessert werden können.

Die Teilefamilienbildung soll weiterhin auf Basis eines multivariaten Analyseverfahrens erfolgen. Wie dargestellt wurde, sind mehrere multivariate Verfahren geeignet, Ähnlichkeiten zwischen Objekten aufzuzeigen und damit grundsätzlich für die Teilefamilienbildung einsetzbar.

Die Arbeit gliedert sich in 4 Teile (vgl. Bild 7). Zunächst werden die Verfahren zur Gliederung eines Teilespektrums näher untersucht (Kap. 3), inwiefern sie den oben genannten Anforderungen genügen. Das Ergebnis ist die Auswahl einer geeigneten Verfahrensgruppe. In Kap. 4 wird das eigentliche Teilefamilienbildungsverfahren entwickelt und spezifiziert. Es gliedert sich in drei Stufen, wobei ein clusteranalytischer Algorithmus einen ersten Teilefamilien-Vorschlag generiert, der anschließend weiterzubearbeiten ist. Die Anwendung des Verfahrens wird in Kap. 5 demonstriert. Hier wird gezeigt, wie sich aus den Teilefamilien eine Fertigungsstruktur ableiten läßt und welche Konsequenzen und Randbedingungen sich daraus für den Aufbau von teilautonomen Fertigungseinheiten ergeben. In Kap. 6 wird das Teilefamilienbildungsverfahren einem Leistungsvergleich unterzogen.

Kapitel 3
ANALYSE multivariater Verfahren zur Teilefamilienbildung

- Clusteranalyse
- Faktorenanalyse
- Multidimensionale Skalierung
- Modellparameter
- Datenmengen
- Praktischer Einsatz
- Verwertbarkeit Ist-Daten

Kapitel 4
ENTWICKLUNG eines strukturierenden Teilefamilienbildungsverfahrens

- Ausgangsdatenmaterial
- Heuristische Gliederung des Teilespektrums
- Bearbeitungs-Sequenzen für Clusteranalyse
- Schneller Clusteralgorithmus
- Zuordnung von Bearbeitungsmaschinen
- Bewertung eines Teilefamilienvorschlages
- Iterative Verbesserung
- Planereingriffe
- Modifikation der Ausgangsdaten

Kapitel 5
ANWENDUNG des Verfahrens zur Strukturierung der Fertigung

- Teilautonome Fertigungseinheiten
- Ableitung alternativer Fertigungsstrukturen
- Beurteilung Maschinenbedarf
- Bewertung von Strukturalternativen
- Komplettverantwortung
- PPS-System

Kapitel 6
BEWERTUNG

Leistungsvergleich von:
- Schnellem Clusteralgorithmus
- Konventionellem Clusteralgorithmus
- Erfahrungslösung des Fertigungsplaners

Kapitel 7
ZUSAMMENFASSUNG und AUSBLICK

- Mehrstufigkeit
- Planungssystematik
- Bewertungssystematik
- Technologische Integration
- Investitionspolitik
- Entscheidungsvorbereitung

Bild 7: Gliederung der Arbeit

3 Verfahren zur Gliederung eines Teilespektrums

3.1 Multivariate Analyseverfahren und ihre Einteilung

Bei den multivariaten Analysemethoden handelt es sich um verschiedene Verfahren, denen gemeinsam ist, daß sie die gegenseitigen Beziehungen zwischen mehreren Variablen untersuchen.

Multivariate Analysemethoden lassen sich für unterschiedliche Arten der Typenbildung einsetzen. Man unterscheidet die folgenden grundsätzlichen Aufgabenstellungen (vgl. Bild 8; Opitz /82/, S. 1):

o Die Objekte sind aufgrund von Ähnlichkeit oder Übereinstimmung in den Merkmalsausprägungen zu homogenen und übersichtlichen Klassen oder Gruppen zusammenzufassen; man spricht von einer Klassifizierung der Objekte.

o Die Objekte sind durch Punkte eines euklidischen Raumes möglichst niederer Dimension so zu charakterisieren, daß die relative Lage der Punkte zueinander die Ähnlichkeit der Objekte angemessen zum Ausdruck bringt, man spricht von Repräsentation der Objekte.

o Die genannten Problemstellungen lassen sich in der Weise umkehren, daß man von einer Klassifikation oder Repräsentation der Objekte ausgeht. Die Merkmale, deren Ausprägungen die Objekte beschreiben, sind dann in der Weise zu kombinieren bzw. zu aggregieren, daß die vorgegebene Klassifikation bzw. Repräsentation der Objekte bestmöglich reproduziert wird, man spricht von einer Identifikation der Objekte.

Man erkennt, daß für Zwecke der Teilefamilienbildung als Basis zur Gliederung einer Fertigung in teilautonome Einheiten grundsätzlich die Verfahren der Klassifikation (Clusteranalyse) und Repräsentation (Faktorenanalyse, multidimensionale Skalierung) geeignet wären. Regressionsanalyse, Varianzanalyse und Diskriminanzanalyse scheiden für weitere Betrachtungen aus.

KLASSIFIKATION

Zusammenfassung von Objekten zu Klassen oder Gruppen

Zwischen Objekten derselben Klasse größtmögliche Ähnlichkeit und zwischen Objekten verschiedener Klassen größtmögliche Verschiedenheit

Methoden

- Clusteranalyse

REPRÄSENTATION

Anordnung von Objekten als Punkte im Raum

Relative Lage der Punkte repräsentiert die Ähnlichkeit bzw. Verschiedenheit der Objekte

Methoden

- Faktorenanalyse
- Multidimensionale Skalierung

IDENTIFIKATION

Charakterisierung von Objekten einer vorgegebenen Klassifikation oder Repräsentation

Bestmögliche Erklärung der Anordnung durch die Eigenschaften der Objekte

Methoden

- Regressionsanalyse
- Varianzanalyse
- Diskriminanzanalyse

Bild 8: Einteilung der multivariaten Analyseverfahren

3.2 Untersuchung der clusteranalytischen Verfahren

3.2.1 Festlegung der Modellparameter

Zur Clusteranalyse sind eine Vielzahl von Grundlagenwerken erschienen (vgl. z.B. Eckes, Roßbach /34/; Hartigan /49/; Jambu, Lebeaux /54/; Schader /92/; Späth /100/; Steinhausen, Langer /105/). Den grundsätzlichen Aufbau einer Clusteranalyse zeigt Bild 9. Die erste Stufe bildet die Auswahl und Festlegung der Objekte und Variablen. Bei der Teilefamilienbildung nach Ablauffamilien stellen die Objekte die Teile dar und die Variablen die Maschinen bzw. Arbeitsplätze, auf denen die Teile gefertigt werden.

Die zweite Stufe ist die Aufbereitung der Ausgangsdaten. Die Daten können entweder direkt weiterverarbeitet werden, normiert oder unterschiedlich gewichtet werden. In Bild 9 sind die wesentlichen Verfahren genannt. Der Sinn dieser Maßnahme ist es, verschiedene Variablen vergleichbar zu machen, denn bei der Bildung der Distanzmatrix werden die Zahlenwerte direkt miteinander verglichen. Bei der Teilefamilienbildung wird hier die Teile-Maschinen-Matrix erstellt.

In der dritten Stufe wird das sogenannte Distanzmaß errechnet, ein Maß für die Ähnlichkeit zwischen zwei Elementen. In Abhängigkeit vom Skalenniveau der Ausgangsdaten kann zwischen einer Vielzahl von Maßen gewählt werden (Übersicht z.B. bei Steinhausen, Langer /105/, S. 55).

Im vierten Schritt werden nun die Informationen aus der Distanzmatrix mit dem eigentlichen Cluster-Algorithmus weiterverarbeitet. Dabei werden ähnliche Elemente jeweils einander zugeordnet. Hier gibt es mehrere grundsätzliche Vorgehensweisen, wobei innerhalb jeder Verfahrensgruppe nochmals zwischen verschiedenen Verfahren gewählt werden kann (Übersicht z.B. bei Steinhausen, Langer /105/). Das Ergebnis ist eine Klasseneinteilung der Objekte. Bei den hierarchischen Verfahren wird ein sogenanntes Dendrogramm erzeugt, eine graphische Darstellung,

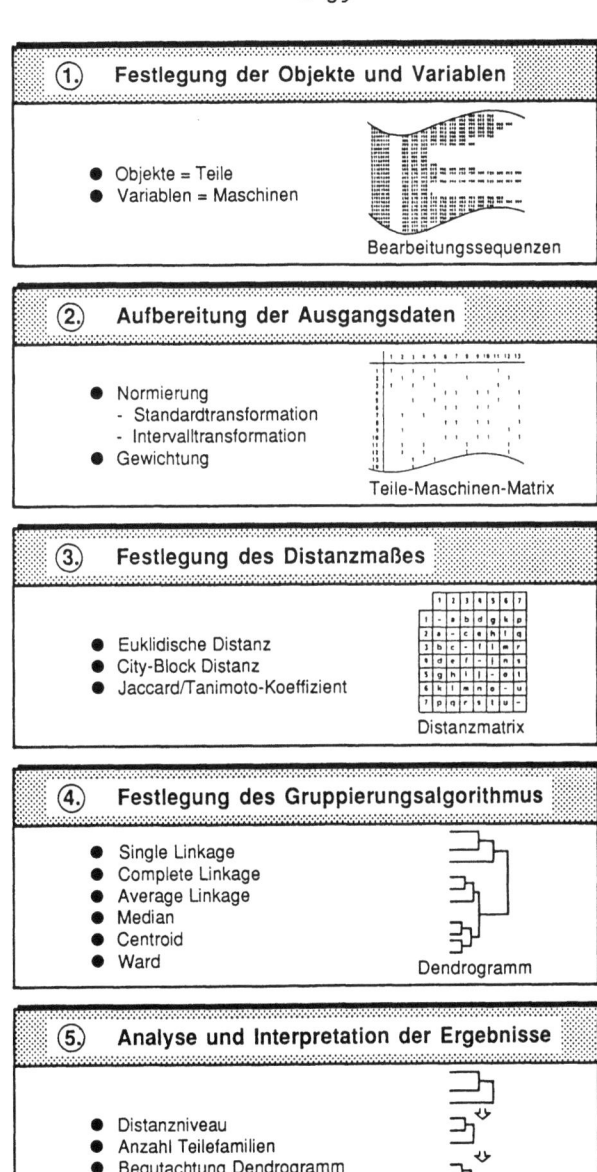

Bild 9: Aufbau einer Clusteranalyse

auf welchem Distanzniveau jeweils zwei Elemente miteinander verschmelzen (in eine Gruppe fallen). Ein Dendrogramm kann in beliebig viele Gruppen ähnlicher Objekte zerlegt werden.

Die fünfte Stufe beinhaltet die Analyse und Interpretation der Ergebnisse. Liegt eine Ähnlichkeitsstruktur zwischen den Teilen in Form eines Dendrogramms vor, so erfolgt hier die Zerlegung des Dendrogramms in Teilefamilien.

Bereits sehr früh wurde als Problem erkannt, daß es zahlreiche methodische Schwierigkeiten gibt hinsichtlich der Auswahl geeigneter Ähnlichkeitskoeffizienten und Gruppierungsalgorithmen. Das gilt auch für die Teilefamilienbildung (vgl. Scoltock, Gallagher /99/). Eigene Untersuchungen wurden mit einem kleinen Datensatz mit 18 Objekten durchgeführt (Auch /6/). Das Ergebnis bestätigt die Anfälligkeit einer Clusteranalyse hinsichtlich der Wahl der Modellparameter. Bei der Variation der Modellparameter Normierung, Distanzmaß und Gruppierung ergaben sich insgesamt 56 unterschiedliche Dendrogramme. Hier zeigt sich eine große Schwäche der Clusteranalyse.

Um so erstaunlicher ist, daß die Autoren von Teilefamilienbildungsverfahren auf Basis der Clusteranalyse die Schwäche kaum benennen (so fehlen z.B. Hinweise bei Kälberer /57/; Weber /116/ und Zimmermann /122/). Weber /116/ scheint dies bemerkt zu haben, obwohl er es explizit nicht anspricht. Er versucht, mögliche Schwierigkeiten zu umgehen, indem er für die Maschinen Kenndaten und Eignungsprofile erstellt, sowie Übersichten von Schlüsselmaschinen und Kapazitätsbelastungen anfertigt, die zusätzlich zur Beurteilung der Clusterergebnisse herangezogen werden. Wie diese Beurteilung allerdings zu erfolgen hat, wird nicht dargestellt.

3.2.2 Anwendung ausgewählter Verfahren

Eine Reihe von Autoren haben spezielle Verfahren entwickelt zur Clusterung einer Teile-Maschinen-Matrix (vgl. Kap. 2.2.3). Viele beschäftigen sich ausführlich mit den Eigenschaften des mathematischen Algorithmus. Bei diesen Verfahren stellt sich nicht die Frage nach den Modellparametern sondern die Frage der Anwendung der Verfahren.

Eine Analyse der Veröffentlichungen zeigt, daß die Algorithmen so gut wie nie an praktischen (echten) Daten aus einem Unternehmen getestet wurden. Zumindest fehlen dafür entsprechende Hinweise. In der Regel werden relativ kleine Demonstrationsdatensätze von 10 bis 20 Teilen verwendet. Einige haben dabei schon historischen Wert. Robinson/Duckstein /89/ greifen auf den Datensatz mit 35 Teilen von King, Nachornchai /60/ zurück, der bereits bei King /50/ verwendet wurde und von Burbidge /24/ stammt. Auch der relativ große Datensatz mit 90 Teilen von Vanelli, Kumar /109/ stammt von Burbidge /23/. Askin, Subramanian /4/ verwenden den Datensatz von King /59/. Eine Reihe weiterer Testdatensätze (Chandrasekharan, Rajagopalan /27/, /28/; Kusiak, Vanelli, Kumar /66/; Oba, Kato u.a. /78/; Stanfel /104/; Waghodekar, Sahu /112/) überschreiten nicht die Anzahl von 40 Teilen. Lediglich Kusiak, Chow /65/ berichten über Rechenzeituntersuchungen mit bis zu 200 Teilen.

Dies ist für ein praktisches Problem völlig unzureichend. Ein übliches Volumen für das Teilespektrum in einem Unternehmen sind etwa 10 000 bis 20 000 unterschiedliche lebende Teile. Sucht man nach einer strukturellen Lösung für eine Fertigung im oben beschriebenen Sinne, so verändert sich unter diesen Randbedingungen selbst bei Einschränkung des Untersuchungsfeldes der Nutzen der vorgeschlagenen Algorithmen völlig. Die Algorithmen sind in der Regel sehr rechenzeitintensiv.

Um das Verhalten der Algorithmen bei großen Datenmengen zu untersuchen, wurde ein eigener Clusteralgorithmus programmiert. Er verwendet den Ähnlichkeitskoeffizient von Jaccard/Tanimoto und den Gruppierungsalgorithmus von Ward (vgl. dazu Steinhausen, Langer /105/). Der Clusteralgorithmus ist dem von King, Nachornchai /60/ und Weber /116/ ähnlich. Nach Kusiak, Chow /65/ haben die meisten der vorgeschlagenen Algorithmen ähnliche Rechenzeiteigenschaften wie der verwendete Algorithmus. Die Rechenzeit steigt quadratisch mit der Anzahl der Teile.

Die Versuche wurden durchgeführt auf einer VAX-11/780 und auf einer Micro-VAX II der Firma Digital Equipment Corporation (DEC) mit einem Hauptspeicher von jeweils 8 Mbytes. Es wurde ein Datensatz aus einem industriellen Praxisfall mit 1 500 Teilen verwendet. Dieser benötigt eine Rechenzeit von ca. 8 CPU-Stunden. Diese langen Rechenzeiten wurden auch von Hachtel, Fuchs /45/ erkannt. Sie geben an, daß die maximale Anzahl an Teilen beim Algorithmus von Weber /116/ bei 1000 Teilen liegt.

Eigene Versuche wurden weiterhin durchgeführt mit einem schnellen Algorithmus von Kusiak, Chow /64/, dessen Rechenzeit lediglich linear ansteigt. Er bewältigt ca. 3000 Teile in einer Zeit von 20 CPU-Minuten auf der Micro-VAX II. Dieser Algorithmus arbeitet allerdings nur, wenn bereits eine Einteilung der Teile in Teilefamilien vorliegt (vgl. Kusiak, Chow /64/). Das ist bei einer Werkstattfertigung im Ausgangszustand nicht der Fall. Der Algorithmus ordnet dann fast alle Teile einem einzigen Cluster zu (im obigen Fall ca. 95% der Teile). Ein solches Ergebnis ist für die Aufgabenstellung einer Teilefamilienbildung zur Gliederung der Fertigung in teilautonome Einheiten unbrauchbar.

Die Untersuchungen lieferten ein weiteres wichtiges Ergebnis. Bei großen Datenmengen geht der Überblick bei der umsortierten Matrix völlig verloren. Die Matrix wird zu groß, um überschaubar zu bleiben. Das geordnete Bild, das von den veröffentlichten Testdatensätzen ausgeht (vgl. Bild 4), existiert ebenfalls nicht. Bild 10 zeigt dies an einem Ausschnitt aus einer solchen

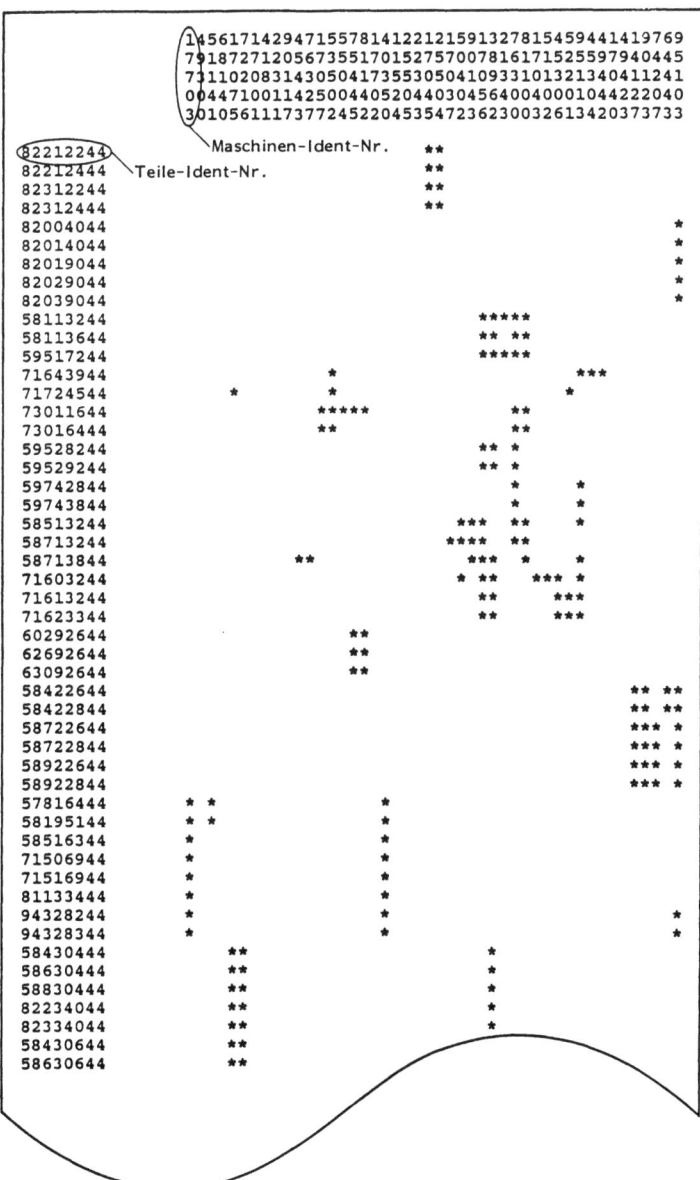

Bild 10: Ausschnitt aus einer sortierten Teile-Maschinen-Matrix eines betrieblichen Testdatensatzes (vgl. auch Kap. 5)

Clusterlösung. Der Ordnungsgrad der Matrix wird zwar erhöht, aber er reicht nicht aus, deutlich zusammenhängende Teile und Maschinen zu erkennen. Was bei den Testdatensätzen die Ausreißer waren, ist hier die Regel. Alle Verfahren, die allein auf ein Umsortieren der Teile-Maschinen-Matrix ausgelegt sind und die Lösung von der optischen Interpretation einer (bei praktischen Problemen) Riesen-Matrix abhängig machen, sind somit unbrauchbar. Dazu gehören auch die Sortierverfahren für die Teile-Maschinen-Matrix, die nicht clusteranalytisch arbeiten.

3.2.3 Verwertbarkeit von Arbeitsplan-Informationen

Die Daten für die Teile-Maschinen-Matrix werden aus den Arbeitsplänen der Teile entnommen. In den Arbeitsplänen ist enthalten, in welcher Reihenfolge ein Teil auf welcher Maschine mit einer bestimmten Maschinennummer gefertigt werden muß. Wie die eigenen Versuche gezeigt haben, ist diese Information zu detailliert und eingeengt. Ein Arbeitsplan gibt an, wie (in der Vergangenheit) entschieden wurde, das Teil zu fertigen (nämlich bei der Erstellung des Arbeitsplans). Er ist damit situationsbezogen und sagt nichts darüber aus, welche unterschiedlichen Möglichkeiten es gibt, das Teil herzustellen. Dabei ist an dieser Stelle gar nicht an technologische Überlegungen gedacht, ob z.B. ein Teil nur gedreht oder gedreht und geschliffen werden muß aufgrund der Oberflächengüte. Sondern es geht darum, ob Ausweichmaschinen vorhanden sind oder auch eine größere oder kleinere Maschine ähnlichen Typs benutzt werden kann.

Die Entscheidungen bei der Erstellung des Arbeitsplans waren abhängig von den (zum damaligen Zeitpunkt) zur Verfügung stehenden Maschinen, der Kapazitätsauslastung der Maschine, den bisher üblichen Fertigungsmethoden usw.. Die Arbeitspläne spiegeln damit auch die Art und Organisation der gegenwärtigen Fertigung wieder.

Möchte man einen Vorschlag für eine gruppentechnologische Fertigung ausarbeiten, so kann man nicht erwarten, allein durch eine Analyse der Arbeitspläne brauchbare Ergebnisse zu erhalten, wenn im Ausgangszustand eine Werkstattfertigung vorliegt. Wie eigene Experimente mit verschiedenen Datensätzen gezeigt haben, wird man immer wieder auf das Spiegelbild der Werkstattfertigung mit der komplexen Vernetzung des Materialflusses stoßen, wie dies in Bild 10 zum Ausdruck kommt.

Möchte man die gruppentechnologische Fertigung aufbauen, so ist es notwendig, sich von der fixierenden Information des Arbeitsplans zu lösen und die Freiheitsgrade bei der Fertigung eines Teils zu nutzen (Ausweichmaschinen, Benutzung einer größeren oder kleineren Maschine ähnlichen Typs usw.), um damit den Materialfluß zu entflechten und möglichst autonome Fertigungseinheiten zu bilden. Für eine gruppentechnologische Fertigung müssen die Arbeitspläne somit zielgerichtet geändert werden. Das Teilefamilienbildungsverfahren muß somit nicht nur eine Analyse der Teile, sondern auch eine Gestaltung der Freiräume bei der Fertigung in Richtung Komplettbearbeitung in teilautonome Einheiten ermöglichen.

3.3 Untersuchung von Faktorenanalyse und multidimensionaler Skalierung

Faktorenanalyse und multidimensionale Skalierung sind Repräsentationsverfahren, d.h. die Objekte werden als Punkte im euklidischen Raum dargestellt und die Abstände zwischen den Punkten geben die Ähnlichkeitsbeziehungen zwischen den Objekten wieder. Ein typisches Beispiel für eine solche Repräsentation zeigt Bild 11 (Bullinger, Auch /19/). Bei einer Repräsentation ist der optische Eindruck des Ergebnisses wichtig. Punkte, die räumlich nahe beieinander angeordnet sind, repräsentieren ähnliche Objekte. Sind solche Punkthäufungen nicht erkennbar, ist auch keine Aussage über zusammengehörige Objekte möglich.

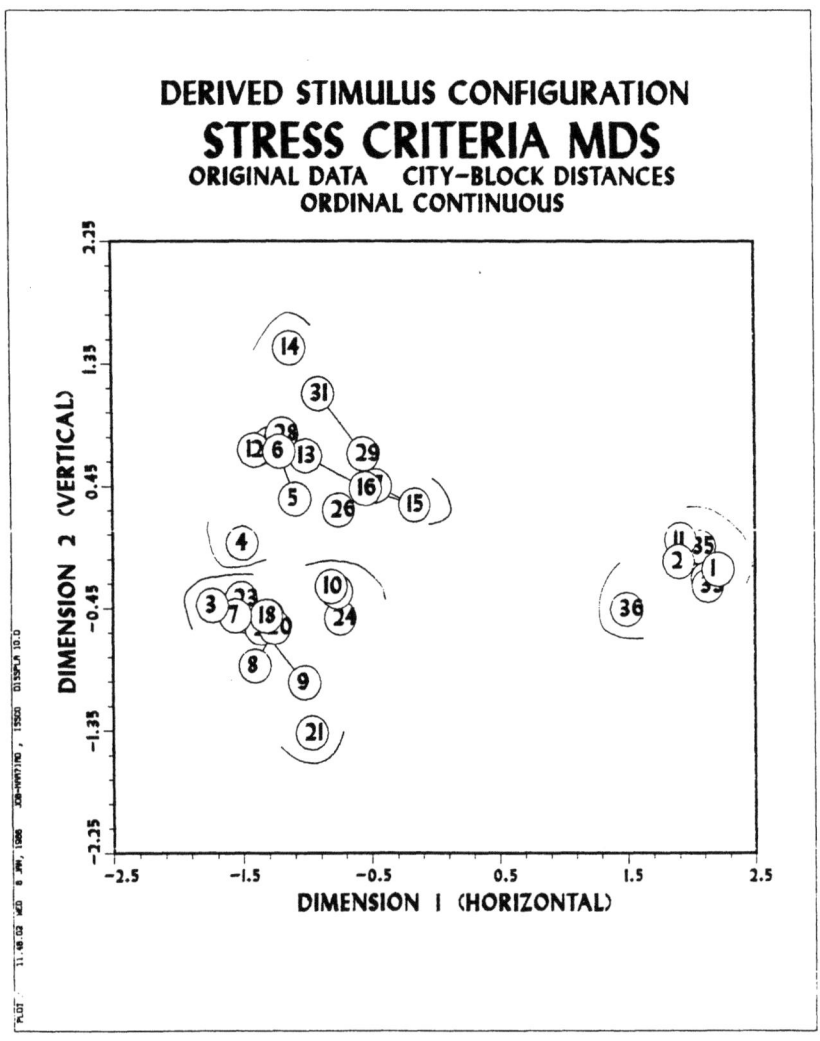

Bild 11: Repräsentation einer multidimensionalen Skalierung
(entnommen aus Bullinger, Auch /19/)

Es wurden zwei Versuchsreihen durchgeführt, um die Auswirkungen großer Datenmengen zu ermitteln:

A hinsichtlich des optischen Eindrucks der Repräsentation,
B hinsichtlich Rechenzeiten und Speicherplatzbedarf.

Die Untersuchungen wurden durchgeführt für die Faktorenanalyse mit Hilfe des Programmpakets SPSS (Schubö, Uehlinger /97/) und für die multidimensionale Skalierung mit Hilfe des Programmpakets ALSCAL (Schiffman, Reynolds, Young /95/).

Beim optischen Eindruck der Repräsentation zeigte sich bei beiden Verfahren, daß ab ca. 200 Teilen die Übersicht verloren geht, ähnlich wie bei den clusteranalytischen Verfahren zum Umsortieren der Teile-Maschinen-Matrix. Eine Abgrenzung und Interpretation von Punkteanhäufungen (potentielle Teilefamilien) ist aufgrund der großen Punkteanzahl und der starken Streuung der Punkte über der Repräsentationsfläche kaum noch möglich.

Bei den Rechenzeiten werden ab ca. 500 Teilen Werte von über 12 CPU-Stunden auf dem oben genannten Rechner erreicht. Ab ca. 800 Teile ist der Speicherplatz nicht mehr ausreichend. Die Ursache liegt in der Zwischenspeicherung mehrerer Matrizen, deren Volumen quadratisch mit der Anzahl der Objekte wächst. Faktorenanalyse und multidimensionale Skalierung sind daher für große Datenmengen wie bei der Teilefamilienbildung ungeeignet.

3.4 Zusammenfassung der Untersuchungsergebnisse

Das wesentliche Ergebnis der Untersuchungen besteht darin, daß die bisher bekannten Teilefamilienbildungsverfahren bei großen Datenmengen, wie sie bei der Lösung praktischer Probleme auftreten, versagen.

o Bei Verfahren, deren Ergebnis einer optischen Interpretation bedarf, ist keine Übersicht mehr erreichbar.

o   Die Algorithmen sind rechenzeitintensiv. Bei der Anwendung ergeben sich damit obere Grenzen für die Anzahl von Teilen, die für praktische Probleme zu niedrig sind.

Damit tritt das Problem der Auswahl optimaler Modellpartner in den Hintergrund. Es ist weniger wichtig, einen optimalen Algorithmus für den Problemfall Teilefamilienbildung zu finden, wenn dieser an großen Datenmengen scheitert. Deshalb wird hier der Weg beschritten, einen Teilefamiliengliederungsvorschlag mit einem Verfahren zu erzeugen, das die großen Datenmengen bewältigt, auch wenn der Vorschlag mit Fehlern behaftet ist. Der Vorschlag wird dann in einem zweiten Schritt iterativ verbessert.

Das Teilefamilienbildungsverfahren darf sich weiter nicht allein auf die Analyse der Arbeitsplaninformation stützen, sondern muß die Möglichkeit bieten, Zuordnungen von Teilen zu Bearbeitungsmaschinen zu verändern. Auf diese Weise kann eine Reorganisation der Fertigungsstruktur von einer Werkstattfertigung zu einer Fertigung in teilautonomen Einheiten erreicht werden. Die Veränderung der Arbeitsplaninformation ist nur durchführbar, wenn in das Teilefamilienbildungs-Verfahren interaktive Eingriffe durch den Fertigungsplaner des Unternehmens möglich sind. Nur der Fertigungsplaner vor Ort besitzt das notwendige Detailwissen, um solche Modifikationen vornehmen zu können (vgl. diese Erkenntnis auch bei Ammer /2/, Schad /91/.

Das Teilefamilienbildungsverfahren soll algorithmisch einen Gliederungsvorschlag in Teilefamilien liefern. Dazu wird ein sogenannter schneller Clusteralgorithmus verwendet, der auch große Objektmengen verarbeiten kann. Der Gliederungsvorschlag wird bewertet und anschließend eine Verbesserung vorgenommen. Hier wird das Fachwissen des Fertigungsplaners vor Ort verwendet. Im Zuge der iterativen Verbesserungen erfolgt die Modifikation der Bearbeitungsabläufe der Teile mit dem Ziel, teilautonome Fertigungseinheiten aufzubauen und den Materialfluß zu entflechten.

4 Das Verfahren einer strukturierenden Teilefamilienbildung

4.1 Der Aufbau des Verfahrens

Das Verfahren der Bildung von Teilefamilien als Basis zur Gliederung einer Fertigung in teilautonome Einheiten geht von folgendem Verständnis aus: Einer teilautonomen Fertigungseinheit sind jeweils zugeordnet:

1. Eine Menge von Teilen, Komponenten, Baugruppen oder Produkten (Teilefamilie)

2. Eine Menge von Ressourcen (Maschinen, Betriebsmittel, Personal)

In einer teilautonomen Fertigungseinheit wird die Teilefamilie möglichst komplett gefertigt, d.h. mit Hilfe der Ressourcen werden möglichst viele Arbeitsgänge der zugeordneten Teile bearbeitet. Da eine vollständige Unabhängigkeit der Fertigungseinheiten in der Regel nicht zu erreichen ist, werden mit Hilfe der Ressourcen einer teilautonomen Fertigungseinheit auch einzelne (möglichst wenige) Arbeitsgänge von Teilen bearbeitet, die dieser Fertigungseinheit nicht zugeordnet sind. Die Menge aller Teile, die in einer teilautonomen Fertigungseinheit bearbeitet werden, kann somit getrennt werden in interne Teile (die der Fertigungseinheit zugeordnet sind) und externe Teile (die anderen Fertigungseinheiten zugeordnet sind). Möglichst viele Arbeitsgänge von internen Teilen und möglichst wenige Arbeitsgänge von externen Teilen in einer teilautonomen Fertigungseinheit zu fertigen, bedeutet eine Optimierungsaufgabe. Die Verflechtung einer Fertigungseinheit zu anderen Fertigungseinheiten ist zu minimieren.

Den Aufbau des strukturierenden Teilefamilienbildungsverfahrens zeigt Bild 12. Begonnen wird mit dem Originaldatenbestand. Er umfaßt das gesamte Teilespektrum eines Unternehmens und wird als Kopie der im Unternehmen gespeicherten Daten über das Teilespektrum (insbesondere Arbeitspläne) übernommen.

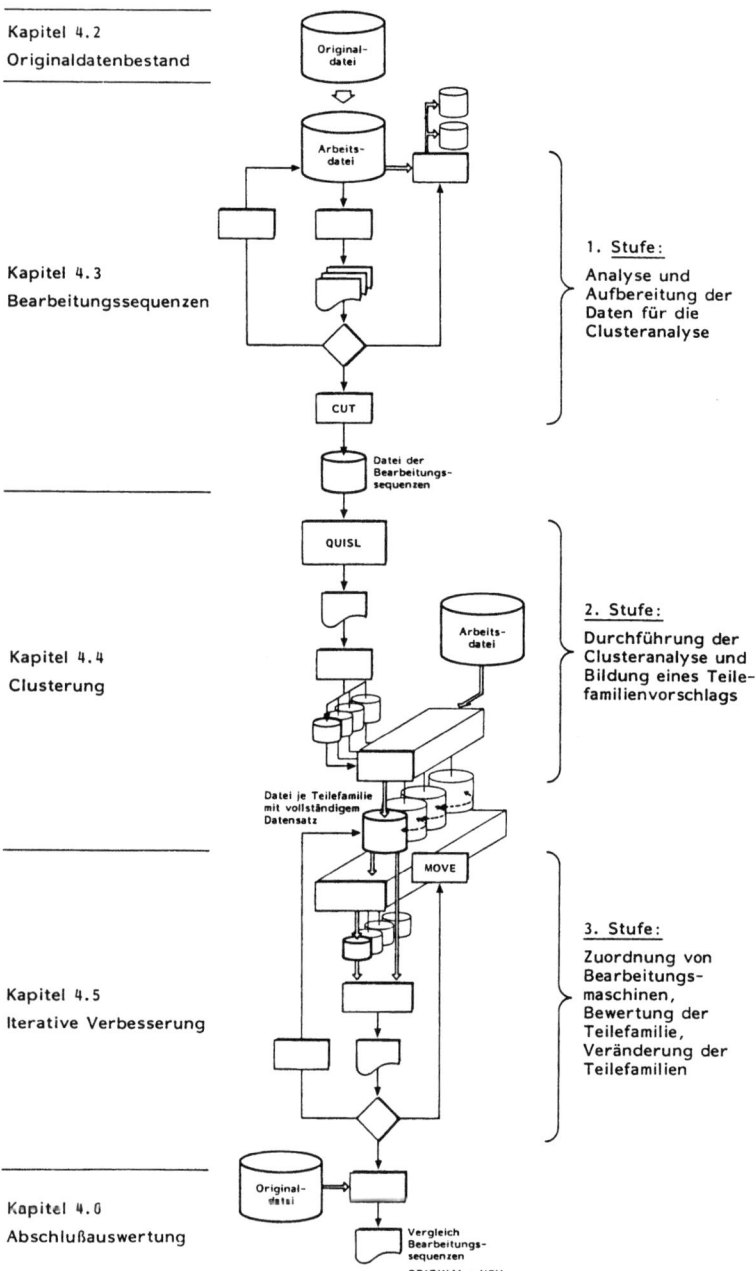

Bild 12: Aufbau des strukturierenden Teilefamilienbildungsverfahrens

Die Teilefamilienbildung wird in drei Stufen durchgeführt, wobei der eigentliche Kern in der Gliederung des Teilespektrums mit Hilfe eines sogenannten schnellen Clusteralgorithmus besteht.

1. Stufe: Der Originaldatenbestand wird bearbeitet mit dem Ziel, die für den nachfolgenden Clusteralgorithmus relevanten Daten bereitzustellen. Es handelt sich dabei um die sogenannten Bearbeitungs-Sequenzen. Hier wird für jedes Teil angegeben, auf welchen (für die Gliederung in Teilefamilien relevanten) Maschinen es bearbeitet wird. In dieser Stufe können auch für die Teilefamilienbildung zunächst unwichtige Teile ausgegrenzt werden (Kap. 4.3).

2. Stufe: Mit Hilfe eines schnellen Clusteralgorithmus werden die Teilefamilien gebildet. Die Gliederung in Teilefamilien wird dabei als Vorschlag betrachtet, der noch weiter zu bearbeiten ist und möglicherweise verbessert werden kann (Kap. 4.4).

3. Stufe: Die Gliederung in Teilefamilien wird beurteilt und ggf. verbessert. Dies geschieht in der Weise, indem den Teilefamilien nach Kapazitätsgesichtspunkten potentielle Bearbeitungsmaschinen zugeordnet werden. Teilefamilie und zugeordnete Bearbeitungsmaschinen zusammen lassen dann eine Aussage über den Umfang der internen und externen Arbeitsgänge zu. Im Zuge von Iterationen wird die Teilefamilien-Gliederung verbessert. Dies geschieht durch Verschieben von Teilen von einer Teilefamilie zu einer anderen oder durch eine Modifikation der Bearbeitungsfolge, damit sich die Teile besser in ihre Familie einfügen (Kap. 4.5).

Im Zuge der gesamten Prozedur werden die Bearbeitungs-Sequenzen, so wie sie aus dem Originaldatenbestand zu entnehmen sind, stark verändert. Dies ist auch notwendig, wenn man von einer

Werkstattfertigung zum Prinzip der Fertigung in teilautonome Einheiten überwechseln möchte (vgl. dazu Kap. 3.2.3).

Kann die Gliederung in Teilefamilien nicht mehr verbessert werden, so wird als Abschlußdokumentation eine Gegenüberstellung der Original-Bearbeitungs-Sequenzen mit den aktuell festgelegten Bearbeitungs-Sequenzen angefertigt. Diese Informationen werden benötigt für die Umplanung der Arbeitspläne.

Die Modifikation der Bearbeitungs-Sequenzen ist ein wesentliches Element des strukturierenden Teilefamilienbildungsverfahrens. Damit wird der Übergang von einem rein analysierenden zu einem gestaltenden Instrument erreicht.

Auf jeder Stufe des Teilefamilienbildungsverfahrens werden Ergebnisse erzeugt, die vor der Durchführung weiterer Verfahrensschritte beurteilt werden müssen. Dies geschieht mit Unterstützung eines Fertigungsplaners aus dem Unternehmen unter Einbeziehung seines speziellen Fachwissens. Dies gilt ebenso für die Modifikation der Bearbeitungs-Sequenzen. Aus diesem Grunde wird das Teilefamilienbildungsverfahren nur in enger Zusammenarbeit mit der Fertigungsplanungsabteilung des jeweiligen Unternehmens eingesetzt. Das Verfahren erlaubt darüber hinaus zahlreiche weitere interaktive Eingriffe. Dazu gehört auch das Zurückgehen und Korrigieren in vorgelagerten Verfahrensstufen, worauf im einzelnen noch einzugehen ist.

4.2 Das Ausgangsdatenmaterial

Es soll das gesamte Teilespektrum eines Unternehmens untersucht werden. Dies wird Totalanalyse genannt. Sie soll sicherstellen, daß alle Teile berücksichtigt werden und daß damit die Qualität des Ergebnisses verbessert wird. Man umgeht auf diese Weise das Problem der Auswahl von Repräsentativteilen, wie es früher üblich war, mit all seinen Fehlerquellen. Heutige Rechenanlagen sind so leistungsfähig, daß Totalanalysen auch bei großen Datenmengen kapazitätsmäßig bewältigt werden können (vgl. Freist /39/). Diese Möglichkeiten sollen hier genutzt werden.

Das Ausgangsdatenmaterial soll als Kopie von ausgewählten Datenbeständen, die im Unternehmen bereits gespeichert sind, auf die EDV-Anlage, auf der das Teilefamilienbildungsprogramm läuft, übernommen werden. Der Datenerhebungsaufwand soll damit möglichst klein gehalten werden.

Die wichtigste Datei für das Ausgangsdatenmaterial ist die Arbeitsplandatei. Sie enthält die wichtigsten Informationen für die Ableitung der Bearbeitungs-Sequenzen, wie die Teile-Nr., den Bearbeitungsablauf mit Arbeitsgang-Nr., Maschinen-Nr. und den Bearbeitungszeiten. Um quantitative Aussagen hinsichtlich des Kapazitätsbedarfs machen zu können, sind weiterhin Angaben über die Stückzahlen notwendig, die in der Regel nicht in den Arbeitsplänen enthalten sind.

Da eine Analyse der Teile durchgeführt wird, sind auch Stückzahlen auf der Einzelteilebene notwendig. Diese Angaben sind häufig nicht leicht zugänglich. So wird z.B. häufig eine Statistik über die Produktstückzahlen geführt, nicht aber über die Stückzahlen der Einzelteile, die in dieses Produkt eingehen. In diesem Fall sollte zunächst versucht werden, Ersatzstückzahlen zu verwenden. Wenn z.B. die Teilefertigung von der Montage durch ein Lager getrennt ist, so bieten sich hier Lagerzugangs- oder Lagerabgangswerte an. Der zweite Weg, wenn lediglich Produktstückzahlen vorliegen, ist die Ermittlung der Eigenfertigungsteile über die Stücklistenauflösung. Dies ist allerdings in der Regel eine aufwendige Prozedur (vgl. Dangelmaier /30/, Wilhelm /118/).

Bei der Methode der Stücklistenauflösung ist es auch möglich, Prognosezahlen für die Zukunft zu verwenden. Bei allen anderen Methoden sind es in der Regel Vergangenheitswerte. Welcher Weg zu wählen ist, wenn Stückzahlen auf der Einzelteilebene nicht gespeichert sind, (Verwendung von Ersatzstückzahlen, Stücklistenauflösung oder gar manuelle Datenerhebung) hängt vom Aufwand und der gewünschten Planungsgenauigkeit ab. Die Stückzahlen sollten möglichst den Zeitraum eines Jahres abdecken, um Schwankungen innerhalb eines Jahres auszugleichen oder das Problem des repräsentativen Zeitraumes einzugrenzen.

Bei der Erstellung des Ausgangsdatenmaterials wird empfohlen, über ein Schnittstellenprogramm die komplette Arbeitsplan-Datei des Unternehmens zu übernehmen. Soweit erforderlich bekommt jeder Arbeitsplan einen oder mehrere zusätzliche Datensätze, die die Stückzahl-Information und ggf. weitere relevante Daten enthält. Auf diese Weise wird der Aufwand beim Unternehmen gering gehalten. Es werden zwar mehr Daten übernommen, als zunächst benötigt, solche Datenfelder können jedoch als unternehmensspezifische Zusatzinformationen bei der Entscheidung über die Gliederung des Teilespektrums herangezogen werden.

In Bild 13 wird ein Ausschnitt aus einer übernommenen Datei mit dem Ausgangsdatenmaterial gezeigt. Die gesamte Information zu einem Teil wird Datenblock genannt. Jeder Datenblock besteht aus mehreren Datensätzen. Jeder Datensatz besteht aus Datenfeldern, die die gewünschte Information enthalten. Im vorliegenden Fall (vgl. Bild 13) bezeichnen die Datensätze:

Satz Nr. 01   Teileidentifikation, Bezeichnung
         02   Materialsatz
         03   Teilestammdatensatz
         04   Bearbeitungssätze mit den Bearbeitungsangaben für jeden Arbeitsgang

Die Länge der Blöcke unterscheidet sich hinsichtlich der Anzahl der Bearbeitungssätze.

Der in Bild 13 gezeigte Datenausschnitt ist für das Ausgangsdatenmaterial typisch. Immer besteht der Aufbau aus Datensätzen und Datenfeldern mit entsprechenden Inhalten. Von Unternehmen zu Unternehmen und Anwendungsfall zu Anwendungsfall sind nur Struktur und Inhalt unterschiedlich. Damit das Teilefamilienbildungsverfahren flexibel bleibt, wird die Datenstruktur in einer Formate-Datei abgelegt. Auf diese Weise kann bei der weiteren Bearbeitung auf jedes beliebige Datenfeld zugegriffen werden.

INHALTE EINES DATENBLOCKS (AUSSCHNITTE):

Teileidentifikation, Bezeichnung:

Satz-Nr.
01967760440404497KUPPLUNGSFLANSCH   DESTAMAT 29677604404

Teileident-Nr.   Benennung des Teils

Materialsatz:

Satz-Nr.
0225289199RUNDSTAHL   110   CK45 N   402

Benennung des Rohteils   Nr. des anliefernden Lagers

Teilestammdatensatz:

Satz-Nr.
03451243161723301007460010000054671000000900000230000012000000000007599999

Klassifizierungsschlüssel   Stückzahl im Vorjahr   Losgröße

Bearbeitungssätze:

Satz-Nr.   Bezeichnung der Bearbeitung
                                                         Zeit je Einheit
0400BEREITSTELLUNG   402
0401SAEG U GRAT A. 74 LG   50149206008000065090000
0402MASS 83RD Z.AUFNAHME VORDR,   L02/00737231703406000007300B0000
0403PROFIL RAEUMEN (RAEUMVORR.)   5-1448395613896207000010501 0000
0404WASCH   5818120400000000060 0000
0405AUSSEN FTG DRE M.NUT U 75RD   F7L02/00757231703403000002000B0000
0406SCHLEIF 75RD J6   AUFNA2-14484056151402030000 3800 0000
0407VERT BO   BOHRVORR.   1-14484171122300009002 6600 0000
0408SAEUB U GRAT   515951750000000800 0000

Arbeitsgang-Nr.   Maschinenident-Nr.

Bild 13: Beispiel für Aufbau und Inhalt des übernommenen Ausgangsdatenmaterials (Ausschnitt)

Ein Arbeitsplan mit ca. 8 Arbeitsgängen erzeugt einen Datenblock entsprechend Bild 13 von ca. 500 Bytes. Unterstellt man 8 Arbeitsgänge pro Teil als Durchschnittswert, so ergibt sich bei 10 000 Teilen eine Dateigröße von ca. 5 Mbytes.

Zu beachten ist, daß bei der Bearbeitung der Dateien erneut Speicherplatz für die Aufgliederung in Teilefamilien, für Teildatensätze, alternative Untersuchungen usw. bereitgehalten werden muß. In der Regel ist somit ein Mehrfaches an Speicherplatz verglichen mit der Ausgangsdatei zur Verfügung zu stellen, um arbeitsfähig zu sein.

4.3 Der Datenauszug für die Clusterung

4.3.1 Aufbau der Verfahrensstufe "Datenauszug"

Die erste Stufe des strukturierenden Teilefamilienbildungsverfahrens ist die Erstellung des Datenauszugs für die nachfolgende Clusterung. Den Aufbau zeigt Bild 14. Zunächst wird der Originaldatenbestand in eine Arbeitsdatei kopiert, d.h. die Originaldaten bleiben für Vergleichszwecke ständig erhalten.

Die Arbeitsdatei kann nun analysiert und verändert werden. Dies geschieht iterativ unter Begutachtung von Zwischenergebnissen bis eine für den Datenauszug geeignete Arbeitsdatei vorliegt. Die Planereingriffe sind in Bild 14 gekennzeichnet. Für die Bearbeitung der Arbeitssysteme stehen drei Programm-Bausteine zur Verfügung:

o Analyse der Arbeitsdatei (Statistiken über ausgewählte Datenfelder)

o Ausgliederung von Datenblöcken (Arbeitspläne) mit ausgewählten Eigenschaften in andere (ggf. zu bildende) Dateien, Verschieben von Datenblöcken

o Modifikation des Inhalts einzelner Datenfelder

Die Verfahrensstufe "Datenauszug" wird beendet mit der Erstellung der für die Clusterung relevanten Bearbeitungs-Sequenzen.

4.3.2 Analyse der Arbeitsdatei

Wenn ein neuer Datenbestand mit einem kompletten Teilespektrum bearbeitet werden soll, so ist es zunächst notwendig, einige Informationen über die darin enthaltenen Teile in Form von Übersichten zu erhalten. Erst durch die Beschäftigung mit den Daten wird es möglich sein, den Ausgangsdatensatz vorzustrukturieren. Man muß somit zunächst ein wenig mit den Daten experimentieren.

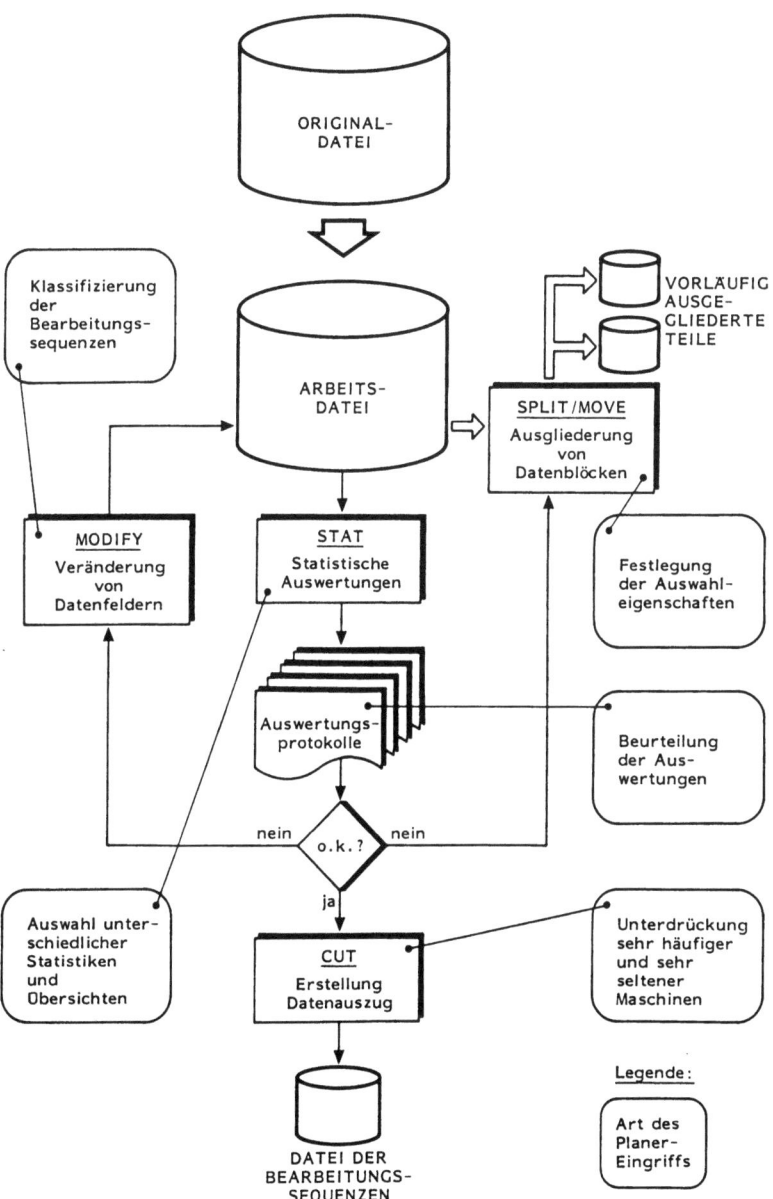

Bild 14: Aufbau der Verfahrensstufe "Datenauszug"

Dazu dienen Programme, die Statistiken und Übersichten über die Arbeitsdatei liefern (STAT in Bild 14). Im wesentlichen sind dies:

o   Häufigkeitsverteilungen über den Inhalt ausgewählter Datenfelder

o   Zusammenhangstabellen über die Verteilung von 2 Variablen (Datenfelder)

o   ABC-Analysen

o   Kapazitätsübersichten

o   Auszüge spezieller Datenfelder aus dem Datenblock.

Es hat sich gezeigt, daß für die Beurteilung einer Datei solche Informationen wichtig sind, um überhaupt eine Vorstellung davon zu bekommen, um welche Teile es sich handelt, und welche Eigenschaften diese Teile besitzen. Insbesondere die Teilebezeichnung hat sich als sehr hilfreich erwiesen. Weitere geeignete Datenfelder sind Identnummer des Teils, Produktnummer, in die das Teil eingeht, Klassifizierungsschlüssel, Stückzahlen, Bearbeitungsmaschinen usw.

Für diese statistischen Analysen und Übersichten wird gegenwärtig das Programmpaket SPSS^x eingesetzt (Schubö, Uehlinger /97/), da hier eine Vielzahl unterschiedlicher Prozeduren zur Verfügung stehen. Um eine Unabhängigkeit von SPSS^x zu erreichen, können die wichtigsten Statistikprozeduren jedoch auch programmiert werden.

Der Fertigungsplaner entscheidet, welche Statistiken und Übersichten erstellt werden sollen. Die Ergebnisse werden von ihm bewertet und führen schließlich zu einer weiteren Bearbeitung der Arbeitsdatei in Form einer Aufbereitung, Modifikation und Gliederung der Daten.

4.3.3 Heuristische Gliederung des Teilespektrums

Der komplette Teiledatenbestand eines Unternehmens enthält in der Regel Teile, die für eine Teilefamilienbildung in der ersten Stufe von untergeordneter Bedeutung sind. Dies können z.B. sein:

o   Teile mit einer sehr geringen Stückzahl

o   Teile mit nur einem oder zwei Arbeitsgängen (Komplettbearbeitung ist kein Problem)

o   Teile, deren Arbeitspläne nur Handarbeitsgänge aufweisen (Handarbeit kann in jeder beliebigen Fertigungseinheit durchgeführt werden)

o   Teile, die auf Maschinen bearbeitet werden, die nur sehr selten vorkommen (blähen den Maschinenpark auf, sind aber unter Umständen gar nicht notwendig)

Solche Teile belasten eine Untersuchung und sollten daher zunächst in eigenständigen Dateien ausgegliedert werden. Später werden diese dann wieder in die Betrachtung einbezogen.

Das Ausgliedern von Teilen (Datenblöcken) ist in Bild 14 mit SPLIT/MOVE gekennzeichnet. Das Ausgliedern von Teilen legt eine neue Datei an. Es können aber auch Teile von einer Datei in eine andere verschoben werden.

Das Ausgliedern von Teilen kann individuell erfolgen, d.h. es werden bestimmte Teile-Ident-Nummern angesprochen. Wesentlich wichtiger ist jedoch die Ausgliederung von Teilen, die eine spezifizierte Eigenschaft besitzen.

Dazu wird eine Bedingungsdatei angelegt, mit der jedes beliebige Feld des Datenblocks angesprochen werden kann. Dem Datenfeld wird in der Bedingungsdatei ein Wert und eine Bedingung zugeordnet. Die gesuchten Daten sollen kleiner, kleiner/gleich, gleich, größer/gleich oder größer des eingegebenen Wertes sein.

Weiterhin können die Datenfelder mit einer Und- oder Oder-Verknüpfung verbunden werden. Auf diese Weise können z.B. Teile ausgegliedert werden, in deren Arbeitsplan eine Reihe spezifizierter Maschinen vorkommen (Oder-Verknüpfung) und die eine bestimmte Stückzahl nicht überschreiten.

Die Eigenschaften der auszugliedernden Teile sind vom Fertigungsplaner zu benennen. Da jedes Datenfeld für die Gliederung verwendet werden kann, liegt ein sehr flexibles Instrument vor.

Diese Gliederung der Teile kann dazu verwendet werden, die Ausgangsdatei insgesamt vorzustrukturieren, wenn es offensichtlich ist, daß Teile mit speziellen Eigenschaften existieren. Auf diese Weise können kleinere Einheiten entstehen, die in der zweiten Stufe des Teilefamilienbildungsverfahrens clusteranalytisch leichter bearbeitet werden können, oder es kann sogar eine Teilefamilienbildung versucht werden auf Basis bestimmter Eigenschaftskombinationen. Aus diesem Grunde wird auch von einer heuristischen Gliederung des Teilespektrums gesprochen. Dieser Weg soll hier jedoch nicht vertieft werden.

4.3.4 Aufbereitung der Bearbeitungsmaschinen

Wie festgestellt wurde, läßt sich durch eine alleinige Analyse der Original-Arbeitspläne eines Unternehmens in der Regel keine Fertigungsstruktur, gegliedert nach teilautonomen Fertigungseinheiten, entwickeln, da die Zuordnung der Teile zu individuellen Bearbeitungsmaschinen die Gestaltungsfreiheit zu stark einschränkt (Kap. 3.2.3) Die Gestaltungsfreiheit ist gegeben, wenn die individuelle Bearbeitungsmaschine durch einen Maschinentyp ersetzt wird. Damit wird eine Modifikation der Arbeitsdatei notwendig. Dies ist in Bild 14 durch MODIFY gekennzeichnet.

Der Ersatz der individuellen Bearbeitungsmaschine durch einen Maschinentyp führt zu einer Klassifizierung des Maschinenparks des Unternehmens. Hier kann z.B. die Einteilung der Fertigungsverfahren nach DIN 8580 verwendet werden oder der Vorschlag von REFA /88/, der auch den Arbeitsraum der Maschine berücksichtigt.

Problemangepaßter ist die jeweils unternehmensspezifische Klassifizierung des tatsächlich vorhandenen Maschinenparks. Ein durchschnittlicher Wert bei der Strukturierung einer kompletten Fertigung sind ca. 500 Ident-Nr. für Maschinen und Arbeitsplätze, die zu klassifizieren wären. Im Gegensatz zu der Klassifizierung der Teile (vgl. Kap. 2.3.1) ist die Einteilung dieser Maschinen in Maschinengruppen eine Aufgabe, die ohne großen Aufwand zu leisten ist.

Bei der Modifikation ist grundsätzlich jedes Datenfeld ansprechbar, obwohl der eindeutige Schwerpunkt bei den Bearbeitungsmaschinen liegt. Damit wird auch hier dem Fertigungsplaner die Möglichkeit gegeben, zusätzlich unternehmensspezifisches Fachwissen einzubringen.

4.3.5 Aufbau der Bearbeitungs-Sequenz-Datei

Die Beurteilung und Veränderung der Arbeitsdatei wiederholt sich iterativ bis ein geeigneter Datenbestand für die clusteranalytische Gliederung in Teilefamilie erzeugt ist. Der Clusteralgorithmus benötigt als Eingabe die Bearbeitungs-Sequenz-Datei. Jedes Teil wird hier repräsentiert mit der Teile-Ident-Nr. und der Folge der Bearbeitungs-Maschinen(gruppen), auf denen das Teil gefertigt wird. Bild 15 zeigt einen Ausschnitt aus einer solchen Datei.

Die Bearbeitungs-Sequenz-Datei wird als Datenauszug aus der Arbeitsdatei erzeugt. Dies ist in Bild 14 mit CUT gekennzeichnet. Hier ist wiederum ein Planereingriff notwendig, denn häufig ist es vorteilhaft, wenn die Bearbeitungs-Sequenz nicht alle Arbeitsgänge eines Teiles enthält, sondern einzelne Maschinen (gruppen) unterdrückt werden.

Die Clusteranalyse soll eine möglichst hohe Trennschärfe zwischen den Teilefamilien liefern. Zwei Arten von Maschinengruppen tragen jedoch nicht zu einer Verbesserung der Trennschärfe bei:

o   Sehr häufige Maschinengruppen, z.B. Waschen oder Entgraten; sie kommen bei fast allen Teilen vor.

o   Sehr seltene Maschinengruppen, sie spezifizieren lediglich einige wenige Teile und blähen die Analyse auf.

Es hat sich gezeigt, daß die Cluster-Ergebnisse besser werden, wenn solche Maschinengruppen aus der Bearbeitungs-Sequenz ausgegrenzt werden. Die Bearbeitungs-Sequenz enthält somit lediglich die trennschärferelevanten Merkmale. Welche Maschinengruppen jeweils unterdrückt werden sollten, hängt vom Einzelfall ab. Es kann durchaus sinnvoll sein, mehrere Versionen zu clustern, die Teilefamilien zu bewerten (vgl. Kap. 4.5) und die Ergebnisse zu vergleichen.

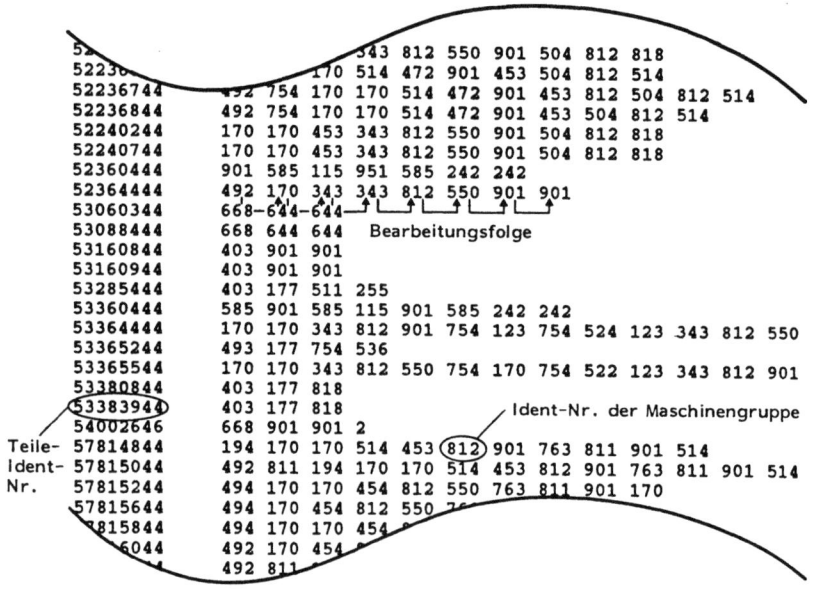

Bild 15: Beispiel für eine Bearbeitungs-Sequenz-Datei (Ausschnitt)

In die Erstellung des Datenauszugs für die Clusterung fließt somit eine Reihe von Fachwissen ein. Um eine möglichst gute Gliederung in Teilefamilien zu erhalten, sind die Planereingriffe in Bild 16 nochmals in Form von Leitlinien zusammengefaßt.

Leitlinien zur Verbesserung der Trennschärfe zwischen den Teilen

1.) Ausgliedern von Teilen untergeordneter Bedeutung

- Geringe Stückzahl
- Wenig Arbeitsgänge
- Fast ausschließlich Handarbeit
- Selten vorkommende Maschinen

2.) Klassifizierung der Bearbeitungsmaschinen

- Bearbeitungsverfahren, Maschinentyp
- Arbeitsraum der Maschine
- Maschinengröße

3.) Aussondern nicht trennschärfe-relevanter Merkmale

- Sehr häufige Bearbeitungsgruppen
  (Waschen, Entgraten usw.)
- Sehr seltene Bearbeitungsgruppen

Bild 16: Leitlinien für die Erstellung des Datenauszuges zur Verbesserung der Trennschärfe bei der Clusterung

4.4 Der clusteranalytische Generierungsalgorithmus

4.4.1 Aufbau der Verfahrensstufe "Clusteranalyse"

Die Verfahrensstufe "Clusteranalyse" besteht aus einem sogenannten schnellen Clusteralgorithmus und der Zerlegung des erzeugten Dendrogramms (das die Ähnlichkeitsstruktur zwischen den Teilen wiedergibt) in Teilefamilien (vgl. Bild 17).

Der schnelle Clusteralgorithmus ist im Programm QUISL realisiert (QUICK SINGLE LINKAGE). Die Bearbeitungs-Sequenz-Datei wird vom Programm QUISL eingelesen. Bei dieser Gelegenheit werden die vorkommenden Maschinennummern erfaßt und sortiert. Es folgt die Erstellung der Teile-Maschinen-Matrix. Die Zeilen der Matrix enthalten die Teile-Ident-Nummern, die Spalten die Maschinen-Ident-Nummern in sortierter Reihenfolge. Als Elemente wird in die Matrix eine "1" eingetragen, wenn die jeweilige Maschine bei dem Teil benötigt wird, eine "0", wenn dies nicht der Fall ist (vgl. auch Bild 4 in Kap. 2.2).

Aus dieser Matrix lassen sich alle Bearbeitungsvorgänge eines Teiles rekonstruieren, wobei die Reihenfolge der einzelnen Arbeitsabläufe allerdings verlorengeht. Dies ist jedoch unbedeutend, da beim Aufbau teilautonomer Fertigungseinheiten lediglich von Bedeutung ist, ob eine Maschine bei der Fertigung eines Teiles benötigt wird oder nicht. Die Reihenfolge ist in diesem Fall untergeordnet.

Auf die Teile-Maschinen-Matrix wird bei der Clusterung zurückgegriffen, dem eigentlichen Kern des Programmes QUISL. Darauf wird später noch eingegangen. Es wird die Ähnlichkeitsstruktur bestimmt, d.h. welches Objekt wird welchem anderen Objekt auf welchem Distanzniveau zugeordnet.

Die Teile werden in Form des Dendrogramms gruppiert. Dazu wird zunächst die Objektreihenfolge der Teile ermittelt, um eine überschneidungsfreie Darstellung des Dendrogramms zu erhalten. Auch darauf wird später noch eingegangen. Anschließend wird das Dendrogramm in seiner Baumdarstellung aufgebaut und gedruckt.

- 65 -

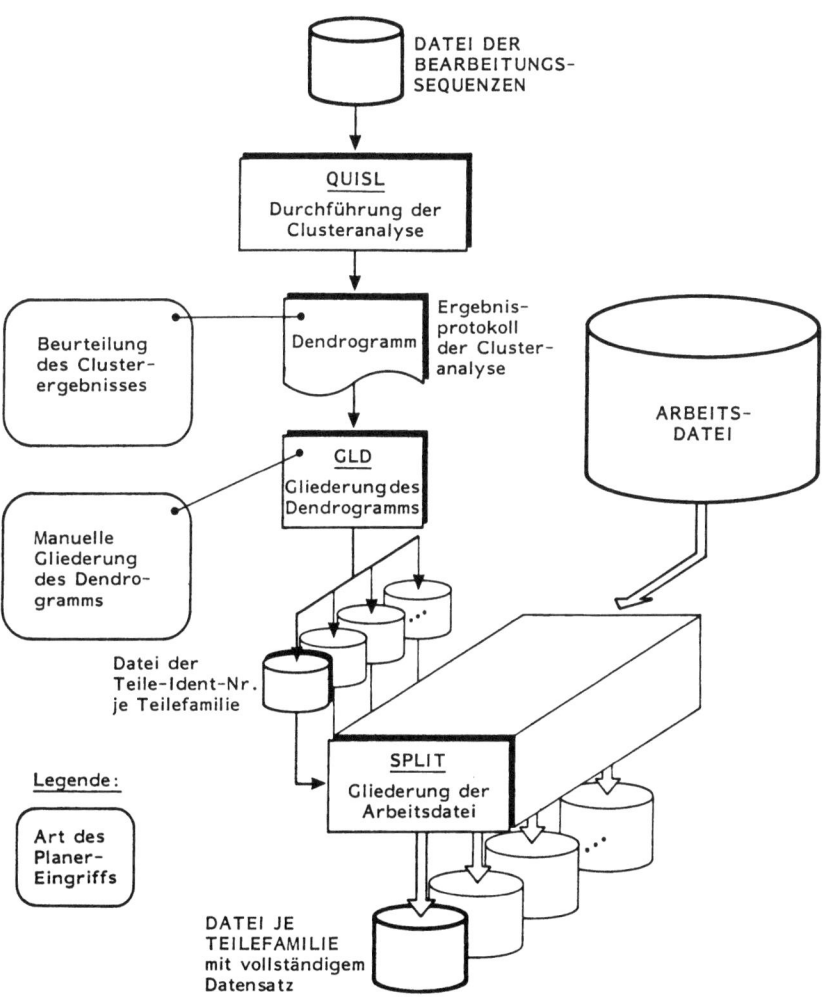

Bild 17: Aufbau der Verfahrensstufe "Clusteranalyse"

Aus dem Dendrogramm müssen nun die Teilefamilien erzeugt werden. Dies kann algorithmisch geschehen oder durch eine Begutachtung und Diskussion des Dendrogramms. Eine Begutachtung, Diskussion und Gliederung des Dendrogramms erfolgt gemeinsam mit einem Fertigungsplaner aus dem Unternehmen.

Die Ident-Nummern der Teile jeder Teilefamilie werden zwischengespeichert und dienen dann der Aufgliederung der ursprünglichen Arbeitsdatei. Auf diese Weise erhält man für jede Teilefamilie wieder einen vollständigen Datensatz. Die Verfahrensstufe "Clusteranalyse" ist damit abgeschlossen.

4.4.2 Funktionsweise des Algorithmus zur Analyse der Ähnlichkeitsstruktur

Als eigentlicher Clusteralgorithmus wird das Single-Linkage-Verfahren eingesetzt. Diese Methode läßt eine einfache graphentheoretische Interpretation zu, die in algorithmischer Hinsicht zu sehr befriedigenden Ergebnissen führt (vgl. Steinhausen, Langer /105/, S. 94). Für das Single-Linkage-Verfahren wurde ein Programm entwickelt, bei dem eine Speicherung und Umrechnung der Distanzmatrix nicht notwendig ist. Jede Distanz wird nur einmal benötigt, was eine Berechnung der Distanzen während der eigentlichen Clusterung ermöglicht. Dadurch entstehen wesentlich kürzere Rechenzeiten (vgl. Kap. 4.4.5).

Die Distanz ist ein Maß der Ähnlichkeit zwischen zwei Objekten. Dazu werden jeweils zwei Zeilen aus der binären Teile-Maschinen-Matrix miteinander verglichen. Die Berechnung der Ähnlichkeit bzw. Distanz zwischen zwei Teilen i und j erfolgt nach der Formel:

Ähnlichkeit $S_{ij} = \dfrac{a}{a+b+c}$, Distanz $d_{ij} = 1 - S_{ij} = \dfrac{b+c}{a+b+c}$

a = Anzahl Maschinen, die sowohl Teil i benötigt als auch Teil j

b = Anzahl Maschinen, die Teil i benötigt, Teil j hingegen <u>nicht</u>

c = Anzahl Maschinen, die Teil i <u>nicht</u> benötigt, wohl aber Teil j

Es handelt sich um den Jaccard/Tanimoto-Koeffizient (vgl. Steinhausen, Langer /105/, S. 55). Er gibt den relativen Anteil gemeinsam vorhandener Eigenschaften bezogen auf die Variablen mit mindestens einer "1" an. Unter der Vielzahl möglicher Koeffizienten erscheint dieser für die Bestimmung der Ähnlichkeit von Teilen besonders geeignet.

Der eigentliche Clusteralgorithmus arbeitet nach dem sogenannten Minimalbaumverfahren, einem graphentheoretischen Verfahren (Steinhausen, Langer /105/, S. 95). Die Knoten werden als Teile interpretiert, die Kanten als Distanz zwischen den Teilen. Der Algorithmus arbeitet wie folgt:

1. Beginne mit einem beliebigen Teil als ersten Teilbaum M.

2. Suche aus dem Rest des Graphen das Teil mit minimaler Distanz zu einem Teil aus M und adjungiere es mitsamt der Distanz zu M.

3. Fahre bei (2) fort oder beende, wenn alle n Teile bereits zu M gehören.

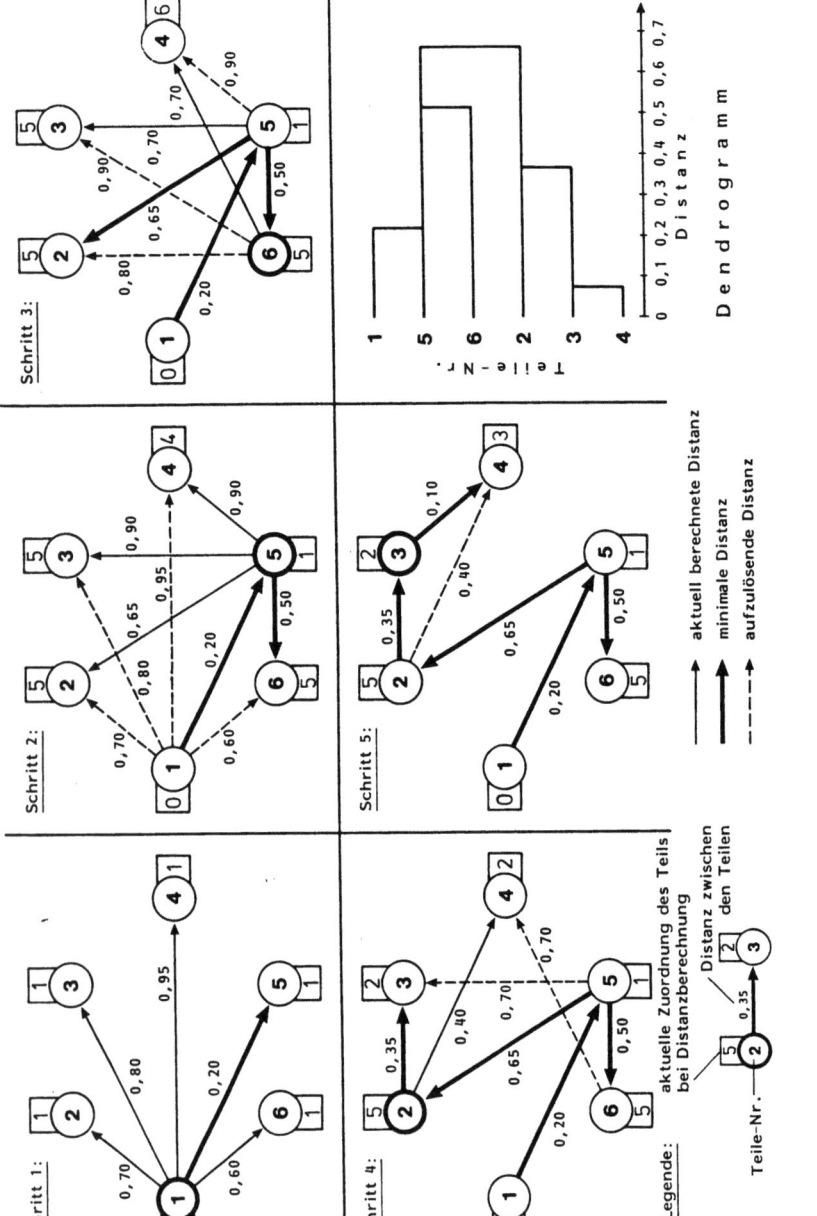

Bild 18: Beispiel zur Demonstration des Algorithmus zur Analyse der Ähnlichkeitsstruktur beim Programm QUISL

Demonstriert werden soll der Programmablauf für das Minimalbaumverfahren an dem Beispiel in Bild 18. Bei der Durchführung müssen im Rechner zu jeder Teilenummer (im Kreis) lediglich zwei Informationen gespeichert werden, die Nummer des Teils, dem das jeweilige Teil (vorübergehend) zugeordnet wird (in der Fahne) und die zugehörige Distanz (an den Pfeilen).

Man startet beim Teil 1. Nun wird die Distanz aller Teile zu dem Teil 1 berechnet und alle Teile werden vorläufig mit Teil 1 verbunden. Die minimale Distanz wird ermittelt. Das ist in diesem Fall die Verbindung 1-5. Dieses Ergebnis wird fixiert und in eine Fusionsliste geschrieben.

Der nächste Schritt geht nun von Teil 5 aus. Zu den verbleibenden Teilen werden die Distanzen berechnet. Ist die Distanz geringer als die bereits bestehende Distanz zu dem Teil, dann wird die alte Verbindung gelöst (gestrichelte Linie) und die neue aufgebaut, anderenfalls wird die neue Verbindung erst gar nicht aufgebaut.

Im vorliegenden Fall sind alle Distanzen, die von Teil 5 ausgehen kleiner als die ursprünglichen Distanzen, d.h. alle verbleibenden Teile werden vorläufig dem Teil 5 zugeordnet. Nun wird wiederum das Minimum gesucht. Das ist die Distanz zum Teil 6 und die Verbindung 5-6 wird in die Fusionsliste geschrieben.

Das Teil 6 wird neues aktuelles Teil. Wiederum werden die Distanzen berechnet. In diesem Fall ist lediglich die Verbindung zum Teil 4 kleiner als die bereits bestehenden Distanzen. Aus den aktuellen Distanzen wird wiederum die minimale gesucht. Das ist die Verbindung 5-2.

Teil 2 wird zum aktuellen Teil. Die neu berechneten Distanzen sind geringer als die bereits bestehenden. Die kürzeste Distanz besteht zum Teil 3. Zum Schluß wird noch die Verbindung 3-4 hergestellt, da diese kürzer ist als zum Teil 2. In Bild 18 ist zusätzlich noch das dazugehörige Dendrogramm angegeben.

Der Nachteil des Single-Linkage besteht darin, daß unter Umständen auch unähnliche Objekte in Clustern zusammengefaßt werden können. Dies wird als Kettenbildung bezeichnet (vgl. Steinhausen, Langer /105/). Ein Objekt wird einem bereits bestehenden Cluster zugeordnet, wenn innerhalb des Clusters mindestens ein Objekt vorhanden ist, das zu diesem Objekt eine geringe Distanz aufweist. Auf diese Weise entstehen nach und nach Objekthaufen, u.U. aber auch eine Kette und die Objekte an den Enden der Kette haben überhaupt keine Gemeinsamkeiten mehr. Dieser möglichen Fehlentwicklung wird entgegengewirkt, indem der automatisch erzeugte Teilefamilienbildungsvorschlag später mit Unterstützung des Fertigungsplaners sehr leicht korrigiert werden kann (dritte Verfahrensstufe, vgl. Kap. 4.5).

4.4.3 Funktionsweise des Gruppierungsalgorithmus

Für den Aufbau eines Dendrogramms ist die Objektreihenfolge zu ermitteln. Zusammengehörige Teile werden dann im Dendrogramm nebeneinander gruppiert und die Verbindungslinien im Dendrogramm bleiben überschneidungsfrei. Dazu wurde ein rekursiver Algorithmus entwickelt. Rekursive Algorithmen werden sehr schnell abgearbeitet. Im vorliegenden Fall werden bei ca. 2000 Objekten 130 CPU-Sekunden Rechenzeit benötigt. Die Arbeitsweise des Algorithmus wird anhand des Beispiels in Bild 19 erläutert. Der Algorithmus greift auf die gebildete Fusionsliste zurück und arbeitet wie folgt:

1. Beginne in der untersten Zeile.

2. Nehme das in der Fusionsspalte (rechts) stehende Objekt und suche dieses Objekt von unten nach oben in der Objektspalte (links).

3. Erscheint das gesuchte Objekt in der Objektspalte, so fahre bei Schritt (2) fort.

4. Erscheint das Objekt dort nicht mehr, so bildet es das nächste Objekt bei der Objektreihenfolge im Dendrogramm.

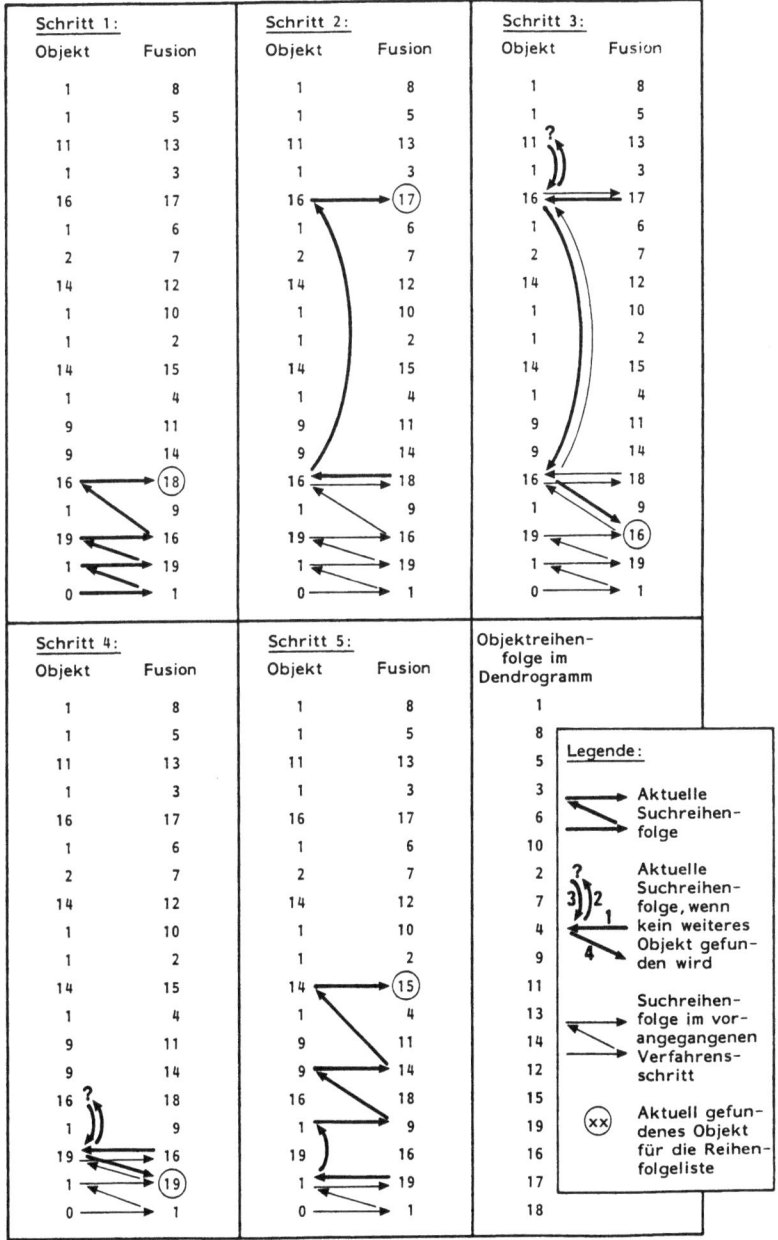

Bild 19: Beispiel zur Demonstration des Gruppierungsalgorithmus für die Objektreihenfolge

Dabei wird die Objektreihenfolge von unten nach oben entwickelt.

Der Rechengang läuft demnach wechselseitig zwischen den beiden Spalten der Fusionsliste aufwärts. Der Ablauf stellt sich folgendermaßen dar: Zuerst wird die 1 gewählt. Eine Zeile darüber steht die 1 in der Objektspalte. Rechts daneben in der Fusionsspalte steht Objekt Nummer 19. Wiederum eine Zeile darüber ist Nummer 19 in der Objektspalte, Nummer 16 in der Fusionsspalte. Wenn man zwei Zeilen höher geht, findet man Objekt 16 links und Objekt 18 rechts. Da Objekt 18 nun aber nicht mehr auftaucht, ist es das erste Objekt in der Objektreihenfolgeliste.

Jetzt geht man einen Schritt des gegangenen Weges rückwärts, man ist dann wieder bei Objekt 16 in der Objektspalte. Die Nummer 16 erscheint ein zweitesmal oben in der fünften Zeile. Rechts in der Fusionsspalte steht Objekt 17, welches ebenfalls nicht wieder erscheint und damit das zweite Objekt in der Objektreihenfolgeliste darstellt. Wieder einen Schritt zurück ist Nummer 16 zum letzten Mal erschienen, bildet damit das dritte Objekt in der Reihenfolgenliste. Noch einen Schritt zurück ist Objekt 19 auch nicht mehr zu finden, nimmt somit die vierte Position ein.

Jetzt kommt man wieder zurück auf Objekt Nummer 1. Dieses Objekt ist nach oben mit der Nummer 9 in der Fusionsspalte gepaart. Dann folgt die 9 mit 14, die 14 mit 15. Objekt 15 wird nicht wieder gefunden, damit ist es das nächste Objekt in der Reihenfolgeliste. Dieser wechselseitige Weg wird so lange fortgesetzt, bis alle Objekte in der Reihenfolgeliste aufgeführt sind. Auf diese Weise ergibt sich die in Bild 19 wiedergegebene Objektreihenfolge im Dendrogramm.

4.4.4　Gliederung des Dendrogramms und Bildung der Teilefamilien

In Bild 20 ist der Auszug aus einem Dendrogramm wiedergegeben. Dieses Dendrogramm muß in Teilefamilien zerlegt werden. In Bild 17 ist dies durch GLD gekennzeichnet. Dafür gibt es zwei Wege:

o Algorithmisch: Es wird ein beliebiges Distanz-Niveau festgelegt, bei dem das Dendrogramm getrennt wird. Das Distanzniveau 0,5 bedeutet z.B., daß es zwischen den getrennten Teilefamilien kein Teil gibt, dessen relevante Bearbeitungs-Sequenzen um mehr als 50 % übereinstimmen.

o Manuell: Beliebige Abschnitte des Dendrogramms können zu Teilefamilien zusammengefaßt werden. Dazu ist das Dendrogramm zu begutachten. Auf diese Weise kann zusätzliches Fachwissen des Fertigungsplaners in die Gliederung mit einfließen. Ebenso können einige Probezerlegungen durchgeführt werden, die dann in der folgenden Verfahrensstufe bewertet und miteinander verglichen werden.

Das Ergebnis der Gliederung in Teilefamilien wird in Teile-Ident-Nummer-Dateien zwischengespeichert. Diese dienen dann dazu, die ursprüngliche Arbeitsdatei mit den vollständigen Teile-Informationen aufzugliedern (Kennzeichnung SPLIT in Bild 17). Auf diese Weise hat man für die folgende dritte Verfahrensstufe wiederum den vollständigen Datenblock pro Teil zur Verfügung.

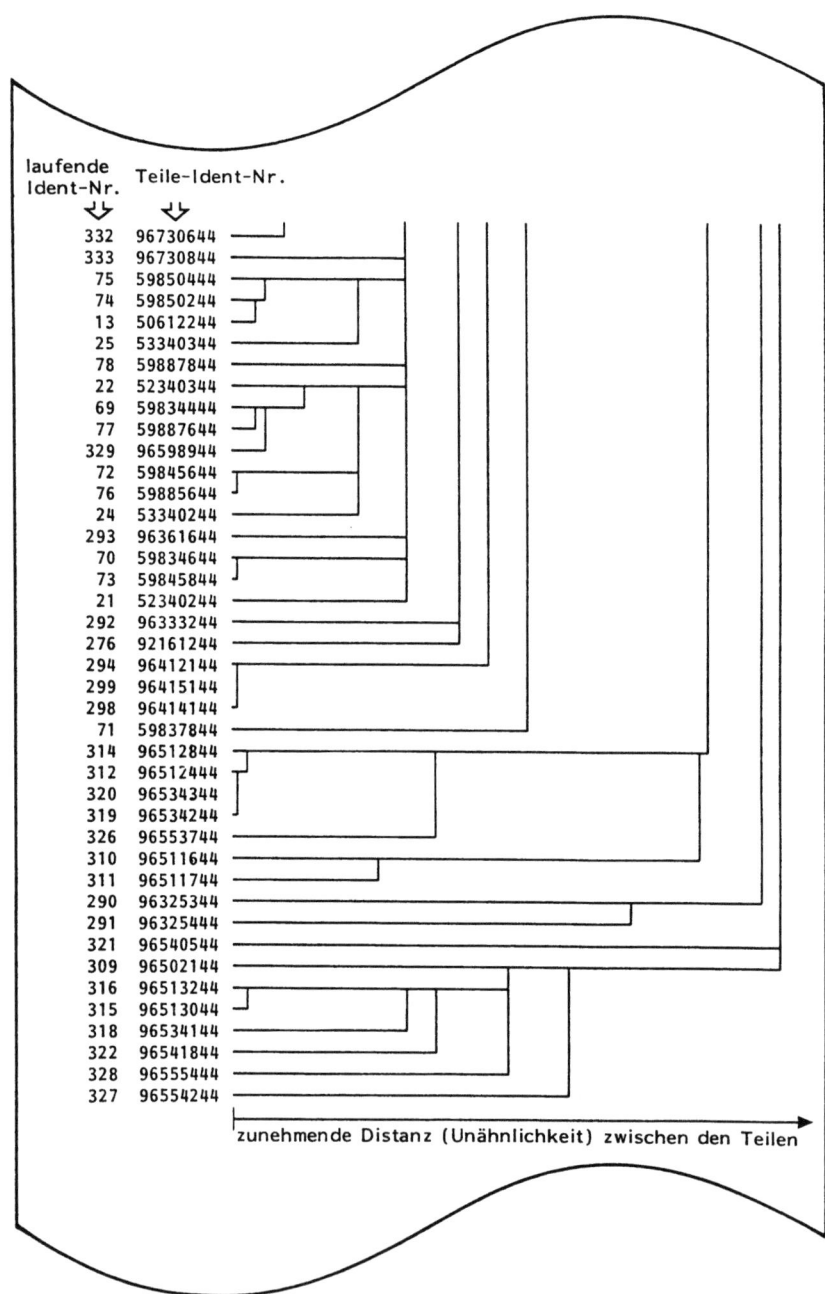

Bild 20: Auszug aus einem Dendrogramm

4.4.5 Rechenzeituntersuchungen

Die Leistungsfähigkeit der Rechenanlagen ist in den letzten Jahren sprunghaft gestiegen. Wenn Steinhausen, Langer (/105/, S. 82) davon sprechen, daß ein Clusterproblem mit 400 Objekten ca. 312 Kilobytes Speicherplatz benötigt, was den Speicherplatz vieler in deutschen Universitätszentren installierten Rechner überschreitet, so ist diese Aussage heute völlig überholt.

Die eingesetzte Micro-VAX II besitzt einen Hauptspeicher mit 8 Mbytes und löst ein Clusterproblem von 400 Objekten mit dem QUISL-Algorithmus in ca. 3 CPU-Minuten.

Die Rechenzeit wird im wesentlichen durch den eigentlichen Single-Linkage-Algorithmus bestimmt. Alle anderen Programmbestandteile sind unbedeutend, obwohl die Rechenzeit hier mit der Anzahl der Objekte linear ansteigt. Die Rechenzeit der Single-Linkage-Algorithmus hängt von der Anzahl der Teile und der Anzahl der Maschinen ab.

Im Zuge des Algorithmus muß die Distanz von jedem Objekt zu jedem anderen genau einmal berechnet werden. Dabei werden jeweils zwei Zeilen aus der Teile-Maschinen-Matrix miteinander verglichen. Es sei

n = Anzahl der Teile
m = Anzahl der Maschinen,

dann ist die Anzahl der Distanzen

$$n_D = \frac{n(n-1)}{2} \quad \text{(Dreiecksmatrix ohne Diagonale)}$$

und die Anzahl der notwendigen Vergleichsoperationen

$$n_v = m \cdot \frac{n(n-1)}{2}$$

Hinzu kommt beim Algorithmus noch die Bestimmung von Minima, was relativ unbedeutend ist. Im wesentlichen kann daher erwartet werden, daß sich die Rechenzeiten proportional der Anzahl der notwendigen Vergleichsoperationen verhalten. Da die Anzahl der Teile (Objekte) quadratisch in die Formel eingeht, sind größere Objektanzahlen besonders problematisch. Pirktl /84/ hat die Rechenzeit verschiedener Standardprogramme zur Clusteranalyse empirisch untersucht und kommt zu dem Schluß, daß bei ca. 1000 Objekten eine Grenze liegt.

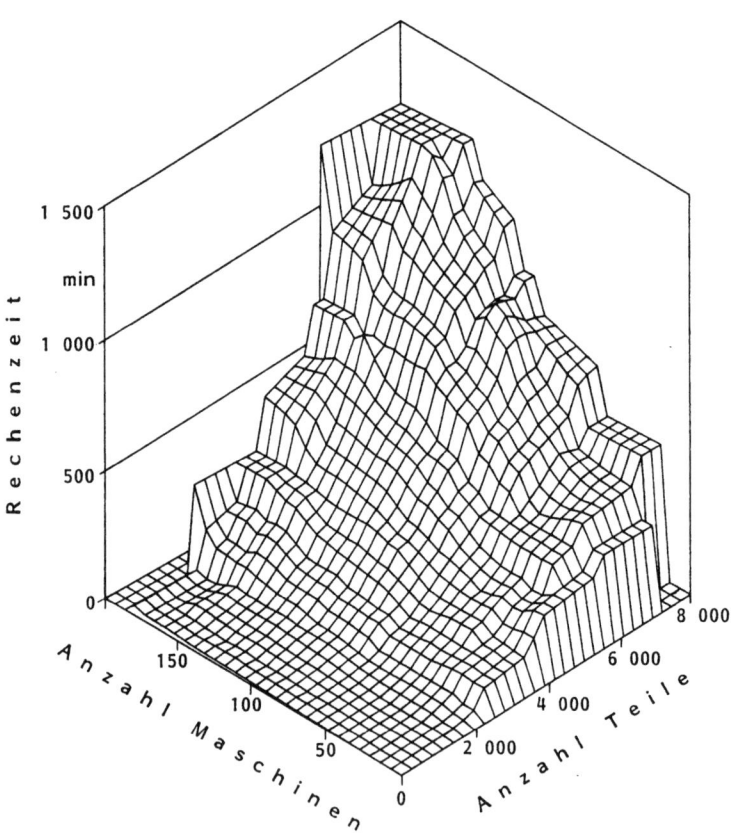

Bild 21: Empirische Ermittlung der Rechenzeiten für das Programm QUISL

Diese Aussage gilt für den vorgestellten sehr schnellen Algorithmus nicht. Bild 21 zeigt die Ergebnisse einer eigenen Rechenzeituntersuchung. Über die Meßwerte wurde eine Regressionsanalyse durchgeführt, die folgende Näherungsformel für die Rechenzeit erbrachte:

$$\text{Rechenzeit } t_z = 0{,}175 \cdot 10^{-6} \, m \cdot n^2 \; [\text{CPU-Minuten}]$$

Das bedeutet, bei 200 Maschinen benötigen 1000 Teile ca. 35 CPU-Minuten, 5000 Teile bereits 14,5 CPU-Stunden und 10 000 Teile 60 CPU-Stunden. Damit sind die Grenzen des Algorithmus vorläufig erreicht.

4.5 Bewertung der Gliederung in Teilefamilien und iterative Verbesserung

4.5.1 Aufbau der Verfahrensstufe "Bewertung und Verbesserung"

Der clusteranalytisch erzeugte Teilefamilienvorschlag ist zu bewerten und ggf. iterativ zu verbessern. Die Bewertung erfolgt, indem jeder Teilefamilie vorläufig eine teilautonome Fertigungseinheit zugeordnet wird. Anschließend wird der Anteil der internen und externen Arbeitsgänge ermittelt. Bild 22 zeigt den Aufbau:

o Bestimmung des Kapazitätsbedarfs je Bearbeitungsverfahren für jede Teilefamilie und vorläufige Zuordnung von Bearbeitungsmaschinen bei ausreichendem Kapazitätsbedarf.

o Bewertung der teilautonomen Fertigungseinheit über den Anteil der innerhalb und außerhalb der Fertigungseinheit durchzuführenden Arbeitsgänge.

o Beurteilung der Bewertungsprotokolle und Verbesserung der Teilefamilien-Gliederung durch Modifikation der Bearbeitungsgänge einzelner Teile oder Verschieben von Teilen in eine andere Teilefamilie.

Anschließend wiederholen sich die Schritte. In Bild 22 sind jeweils die Planereingriffe gekennzeichnet. Der Schwerpunkt liegt dabei beim Eingriff in die jeweils vorliegende Einteilung in Teilefamilien. Durch Verschieben und Umplanen sollen jeweils in sich konsistente Teilefamilien geschaffen werden.

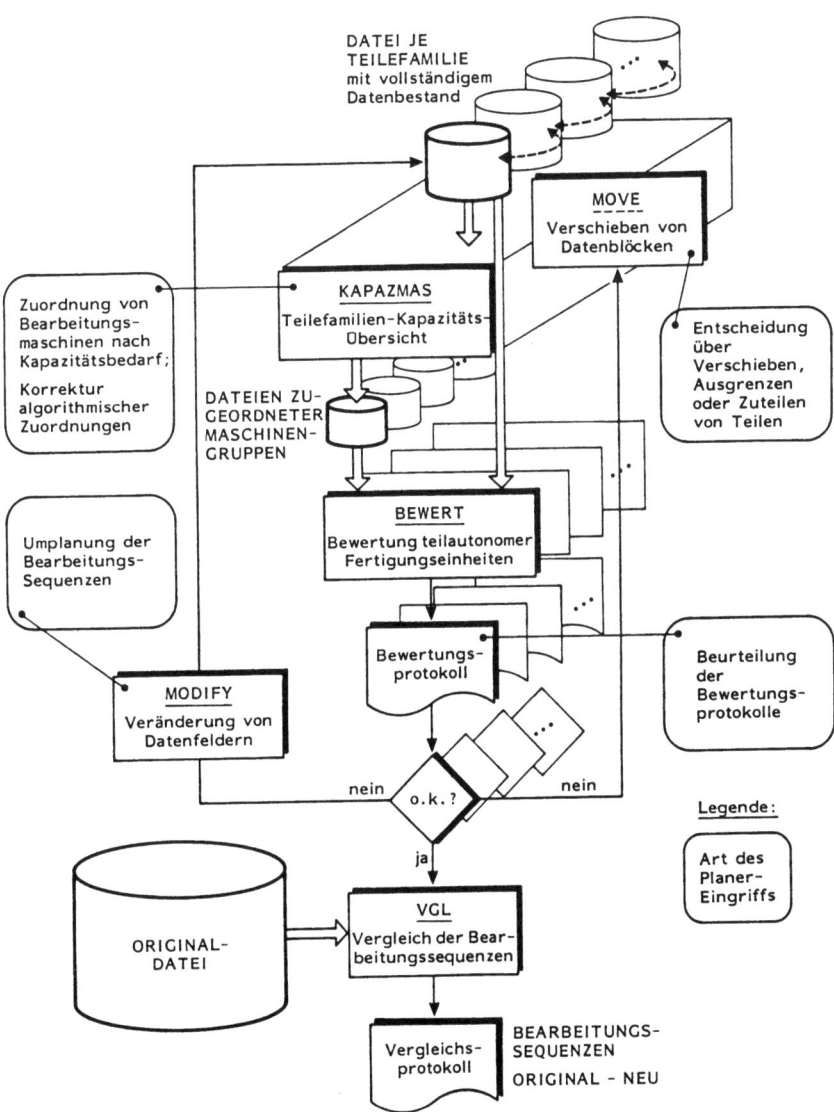

Bild 22: Aufbau der Verfahrensstufe "Bewertung und Verbesserung"

4.5.2 Zuordnung von Bearbeitungsmaschinen

Wenn die clusteranalytische Gliederung in Teilefamilien vorliegt, so sind diesen potentielle Bearbeitungsmaschinen zuzuordnen. Teilefamilie und zugehörige Bearbeitungsmaschinen bilden jeweils eine teilautonome Fertigungseinheit. Grundlage der Zuordnung ist der Kapazitätsbedarf bei den verschiedenen Bearbeitungsverfahren. Dieser Kapazitätsbedarf wird errechnet und in einer Übersichtstabelle zusammengestellt (in Bild 22 durch KAPAZMAS gekennzeichnet).

Um jeweils die Gesamtübersicht verfügbar zu haben, werden alle Teilefamilien gemeinsam dargestellt. Hier können auch die im Zuge des Datenauszugs ausgegrenzten Teile einbezogen werden (vgl. Kap. 4.3).

Dem Kapazitätsbedarf werden Bearbeitungsmaschinen zugeordnet:

o   Algorithmisch bei Überschreitung einer frei wählbaren Mindestkapazität
o   Manuell durch den Fertigungsplaner entweder direkt oder als Korrektur des algorithmischen Vorschlags.

Der Algorithmus berücksichtigt auch Schichtmodelle in Abhängigkeit der Investitionskosten einer Bearbeitungsmaschine eines bestimmten Typs sowie die Übernahme von Kapazitäten auf kleineren Maschinen durch größere Maschinen, wenn diese noch nicht ausgelastet sind. Die Korrektur von Bearbeitungszeiten bei solchen Übernahmen ist auch möglich.

Bild 23 zeigt einen Auszug aus der Teilefamilien-Kapazitätsübersicht (Auch /7/; Auch, Hallwachs, Schaal /12/). Angegeben sind die Drehmaschinen. In den ersten Spalten stehen Bezeichnung und der Code der jeweiligen Bearbeitungsgruppe. Hinter jedem Code verbergen sich eine Anzahl von Maschinen-Ident-Nummern, die zu der Bearbeitungsgruppe zusammengefaßt sind

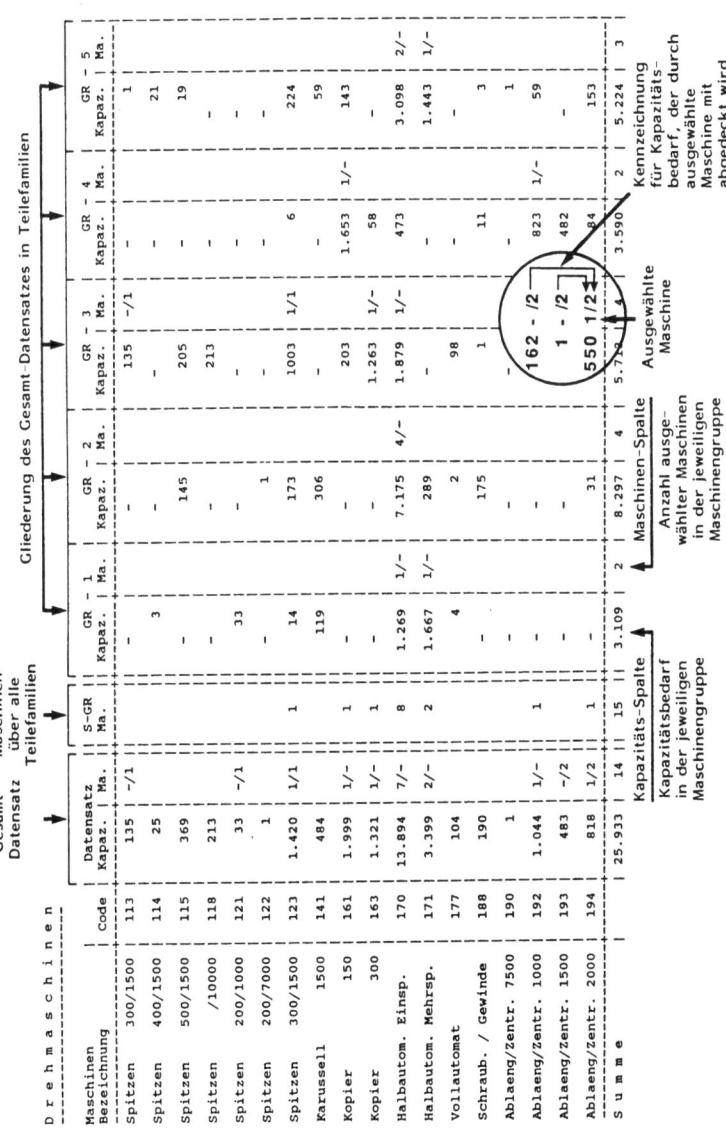

Bild 23: Auszug aus der Teilefamilien-Kapazitäts-Übersicht

(Klassifizierung der Maschinen, vgl. Kap. 4.3.4). Im vorliegenden Fall werden verschiedene Drehbearbeitungen und Maschinengrößen unterschieden.

Für den Gesamtdatensatz (Summenwerte) sowie die Aufgliederung in die Teilefamilien (in diesem Fall 5 Teilefamilien GR-1 bis GR-5) liegt jeweils eine Kapazitäts- und eine Maschinenspalte vor. Zusätzlich gibt es eine Summen-Maschinenspalte (S-GR), die unabhängig von der Maschinenspalte des Gesamtdatensatzes ist. Die Kapazitäten werden errechnet und automatisch an den jeweiligen Stellen eingetragen. Bei dem Beispiel in Bild 23 sind reine Bearbeitungszeiten angegeben ohne Berücksichtigung von Rüst-, Stör- oder Wartungszeiten. Diese wurden im vorliegenden Beispiel pauschal bei der Bestimmung des Kapazitätsangebots einer Maschine berücksichtigt. Es wurde davon ausgegangen, daß eine Maschine ca. 1000 Std. Bearbeitungszeit pro Schicht abdecken kann. Wie man erkennt, treten teilweise sehr geringe Kapazitäten auf, die nicht ausreichen, eine Maschine auszulasten.

Die Maschinenspalten werden algorithmisch oder durch den Fertigungsplaner gefüllt. Z.B. wurde bei der Teilefamilie GR-1 jeweils eine Maschine vom Typ 170 und eine vom Typ 171 zugeordnet, zwei verschiedene Typen von Drehautomaten. Die übrigen Maschinentypen bleiben unberücksichtigt (114, 121, 123, 141, und 177), d.h. die dazugehörenden Teile müssen die Fertigungsinsel für diese Arbeitsgänge verlassen, wenn nicht im Zuge einer Arbeitsplanmodifikation doch noch eine Umplanung auf die Drehautomaten gelingt oder eine Verschiebung zu einer anderen Teilefamilie sinnvoll ist (in der Teilefamilie GR-3 gibt es z.B. eine Maschine des Typs 123, eine Spitzendrehmaschine). Der Fertigungsplaner muß dazu in der jeweiligen Datei der Teilefamilie die entsprechenden Teile suchen und sie beurteilen.

Die Teilefamilie GR-3 zeigt z.B. auch die Übernahme von Kapazitäten einer kleinen Maschine durch eine größere Maschine. Wenn eine Maschine aufgenommen wird, so kann hinter einem Schrägstrich angegeben werden, ob diese auch andere Maschinen ersetzen kann. Die "1" beim Maschinentyp 123 bedeutet, daß alle Arbeiten vom Maschinentyp 113 mit übernommen werden können. Ebenso gehört die Kennzeichnung "2" zusammen, d.h. der Maschinentyp 194 (eine Abläng- und Zentriermaschine) kann auch die Arbeiten des Maschinentyps 192 und 193 übernehmen.

Für die Maschinenspalte des Gesamtdatensatzes werden Maschinen nach denselben Regeln zugeordnet wie bei den Teilefamilien. Die Spalte S-GR enthält hingegen den Summenwert der Maschinenzuweisungen aus den Teilefamilien. Wie man erkennt, sind die beiden Werte teilweise nicht identisch (in den 5 teilautonomen Fertigungseinheiten werden insgesamt 8 Maschinen des Typs 170 benötigt und nicht nur 7). Der Maschinenbedarf bei Aufgliederung in teilautonome Fertigungseinheiten ist also teilweise höher als bei Nichtaufgliederung der Kapazität, ein Effekt, auf den später noch einzugehen ist (vgl. Kap. 5.3).

Ist die Maschinenzuweisung durchgeführt, so werden die von ihnen abgedeckten Bearbeitungsgruppen in einer Datei zwischengespeichert. Diese wird dann von dem Bewertungsmodul weiterverarbeitet.

4.5.3 Bewertung der teilautonomen Fertigungseinheit

Der aktuelle Teilefamilien-Vorschlag ist zu bewerten. Jeder Teilefamilie sind Bearbeitungsmaschinen zugeordnet und es kann nun der Autonomiegrad der jeweiligen Fertigungseinheit geprüft werden. Dies ist in Bild 22 mit BEWERT gekennzeichnet. Aus dem Datensatz der Teilefamilie wird jeweils die aktuelle Bearbeitungs-Sequenz ausgegliedert und mit der Datei der zugeordneten Bearbeitungsgruppen verglichen.

Wie bereits in der Teilefamilien-Kapazitäts-Übersicht deutlich wurde, können nicht alle Arbeitsgänge innerhalb einer teilautonomen Fertigungseinheit durchgeführt werden, da der Kapazitätsbedarf für einige Bearbeitungsgruppen zu gering ist, als daß es sich lohnen würde, eine entsprechende Maschine zu installieren. Dadurch entstehen sogenannte externe Arbeitsgänge. Die Bewertung von Teilefamilien und teilautonomen Fertigungseinheiten beruht auf einer Analyse des Umfangs und der Verteilung dieser externen Arbeitsgänge.

Das Bewertungsprotokoll besteht aus folgenden Teilen:

1. Gütefaktoren zur Beurteilung der teilautonomen Fertigungseinheit

2. Übersichten zur Beurteilung der Verteilung der externen Arbeitsgänge

3. Ausdruck der Bearbeitungs-Sequenzen mit Kennzeichnung der externen Arbeitsgänge.

Folgende Gütefaktoren wurden realisiert:

o   Gütefaktor "Generell":
    Anzahl aller internen Arbeitsgängen im Verhältnis zur Anzahl aller Arbeitgänge

o   Gütefaktor "Durchschnitt":
    Bildung des Gütefaktors "Generell" für jedes einzelne Teil, anschließend Durchschnitt über alle Teile

o   Gütefaktor "Gewichtet":
    Bildung des Gütefaktors "Generell" für jedes einzelne Teil, Multiplikation mit der Stückzahl, anschließend Durchschnitt über alle Teile durch Division des Summenwertes durch die Gesamtstückzahl

o Gütefaktor "Inselwechsel":
   Anzahl aller Wechsel (Transporte) von einer externen Fertigung in die teilautonome Fertigungseinheit hinein und aus ihr wieder heraus zu einer externen Fertigung über alle Teile dividiert durch die Anzahl Teile.

Die Gütefaktoren nehmen bei einer praktischen Bewertung in der Regel von "Generell" über "Durchschnitt" bis zu "Gewichtung" zu. Die Unterscheidung von "Generell" und "Durchschnitt" ist notwendig, da ein Fremdarbeitsgang bei einem Teil mit insgesamt 2 Arbeitsgängen (Faktor 0,5) eine andere Bedeutung hat, als ein Fremdarbeitsgang bei insgesamt 10 Arbeitsgängen (Faktor 0,9). Liegt der "Durchschnitts"-Faktor höher, so besagt dies, daß der Anteil der Fremdarbeitsgänge bei Kurzläufern (wenig Arbeitsgänge) tendenziell geringer ist als bei Langläufern (Kurzläufer neigen mehr zu Komplettbearbeitung). Ist der "Durchschnitts"-Faktor kleiner, so ist es umgekehrt.

Bei der "Gewichtung" wird die Stückzahl der Teile berücksichtigt, indem mit der Stückzahl gewichtet wird. Die Faktoren der Teile mit geringer Stückzahl gehen damit weniger in den Gesamtwert ein (Teile mit der Stückzahl "Null", werden somit überhaupt nicht berücksichtigt). Diese Kennzahl ist tendenziell die größte. Dies ist Ausdruck der Tatsache, daß die Maschinen dort ausgewählt wurden, wo die größten Kapazitäten liegen (in die Kapazitäten gehen die Stückzahlen ein).

Ist der "Gewichtungs"-Faktor schlechter, so bedeutet dies, daß tendenziell jene Teile mit schlechteren Faktoren größere Stückzahlen besitzen. Dies widerspricht im Grunde dem Maschinenauswahlkriterium, kann aber vorkommen bei Arbeitsgängen mit einer relativ kurzen Fertigungseinzelzeit (t_e), die zwar eine bedeutende Stückzahl haben, dennoch die Kapazität nicht ausreichte, um eine Maschine zu installieren. Die fehlende Maschine führt dann zu einem schlechten Bewertungsfaktor. Wenn somit ein schlechterer "Gewichtungs"-Faktor auftritt, ist dies ein Grund, die Teilefamilie nach solchen Kurzzeit-Arbeitsgängen zu untersuchen. Vereinzelt treten geringere "Durchschnitts"- und "Gewichtungs"-Faktoren bei den einzelnen Teilefamilien auf. Es überwiegt jedoch deutlich der Trend "Gewichtungs"-Faktor besser "Durchschnitts"-Faktor besser "genereller" Faktor.

Liegen die drei Faktoren relativ eng beieinander, so deutet dies auf eine relativ homogene Teilefamilie hin. Das bedeutet z.B., daß sich Stückzahlverschiebungen zwischen den Teilen innerhalb der Teilefamilie auf die Auslastung der Maschinen kaum auswirken werden, da die Teile alle eine relativ ähnliche Struktur haben. Das ist besonders wichtig, bei der Analyse von Daten aus der Einzelfertigung, wo in der Zeitpunkt-bezogenen Analyse viele Teile die Stückzahl "Null" haben. Diese Teile können aber durchaus von Zeit zu Zeit bedeutende Losgrößen bekommen.

Der Gütefaktor "Inselwechsel" gibt an, wie häufig durchschnittlich über die ganze Teilefamilie ein Fertigungslos aus der teilautonomen Fertigungseinheit zu einer externen Bearbeitung geht bzw. von einer externen Bearbeitung in die Fertigungseinheit zurückkommt. Verläßt ein Teil die Fertigungseinheit für einen externen Arbeitsgang und kehrt wieder zurück, so wird dies doppelt gezählt. Man erkennt daran, daß es nicht gleichgültig ist, ob ein externer Arbeitsgang in der Mitte einer Bearbeitungssequenz liegt oder an deren Anfang bzw. Ende.

Über die Verteilung der externen Arbeitsgänge geben drei Übersichten Auskunft:

o   Anzahl der Teile aus der Teilefamilie, die komplett in der Fertigungsinsel gefertigt werden, sowie mit 1, 2, 3 usw. externen Arbeitsgängen.

o   Anzahl der Teile aus der Teilefamilie, die einen (oder mehrere) externen Arbeitsgang am Anfang, in der Mitte oder am Ende besitzen. Dabei werden alle 8 möglichen Kombinationen dieser 3 Zustände berücksichtigt.

```
FOLGENDE MASCHINEN SIND IN DER INSEL ENTHALTEN:

  161      170      192      193      213      451      453      472
  504      511      514      762      812      901      942

                    A U S W E R T U N G

GESAMTANZAHL ALLER ARBEITSGAENGE        =  4980
GESAMTANZAHL INTERNER ARBEITSGAENGE     =  4331
GESAMTANZAHL EXTERNER ARBEITSGAENGE     =   649

GUETEFAKTOREN:
                    ANZAHL DER INTERNEN ARBEITSGAENGE
  < GENERELL    >   ---------------------------------  =  0.8697
                      ANZAHL ALLER ARBEITSGAENGE

  < DURCHSCNITT >      SUMME (INTERNE / ALLE)
  < UEBER ALLE  >   ---------------------------------  =  0.8346
  < TEILE       >        ANZAHL DER TEILE

  < GEWICHTET     >  SUMME (INTERNE / ALLE) * STUECKZ.
  < MIT DEN       > ---------------------------------   =  0.9535
  < STUECKZAHLEN  >        GESAMTSTUECKZAHL

VERTEILUNG DER EXTERNEN ARBEITSGAENGE:

     ANFANG EXTERN     MITTE EXTERN      ENDE EXTERN     ANZAHL

         ----              ----              ----          206
          JA               ----              ----            3
         ----               JA               ----          206
         ----              ----               JA             8
          JA                JA               ----           24
          JA               ----               JA             0
         ----               JA                JA            16
          JA                JA                JA             7
     ----------------------------------------------------------
                                         SUMME:           470

  KOMPLETTFERTIGUNG IN DER INSEL:       206 TEILE
  FERTIGUNG MIT  1 FREMDARBEITEN:        93 TEILE
  FERTIGUNG MIT  2 FREMDARBEITEN:        69 TEILE
  FERTIGUNG MIT  3 FREMDARBEITEN:        49 TEILE
  FERTIGUNG MIT  4 FREMDARBEITEN:        25 TEILE
  FERTIGUNG MIT  5 FREMDARBEITEN:        18 TEILE
  FERTIGUNG MIT  6 FREMDARBEITEN:         2 TEILE
  FERTIGUNG MIT  7 FREMDARBEITEN:         2 TEILE
  FERTIGUNG MIT  8 FREMDARBEITEN:         2 TEILE
  FERTIGUNG MIT  9 FREMDARBEITEN:         2 TEILE
  FERTIGUNG MIT 10 FREMDARBEITEN:         1 TEILE
  FERTIGUNG MIT 11 FREMDARBEITEN:         1 TEILE


    1 ARBEITSGAENGE GEKOPPELT AUSSERHALB:      243 MAL
    2 ARBEITSGAENGE GEKOPPELT AUSSERHALB:       91 MAL
    3 ARBEITSGAENGE GEKOPPELT AUSSERHALB:       56 MAL
    4 ARBEITSGAENGE GEKOPPELT AUSSERHALB:       10 MAL
    5 ARBEITSGAENGE GEKOPPELT AUSSERHALB:        2 MAL
    6 ARBEITSGAENGE GEKOPPELT AUSSERHALB:        1 MAL

    GESAMTANZAHL TRANSPORTVORGAENGE (INTERN/EXTERN)   =   741
```

Bild 24: Beispiel für ein Bewertungsprotokoll

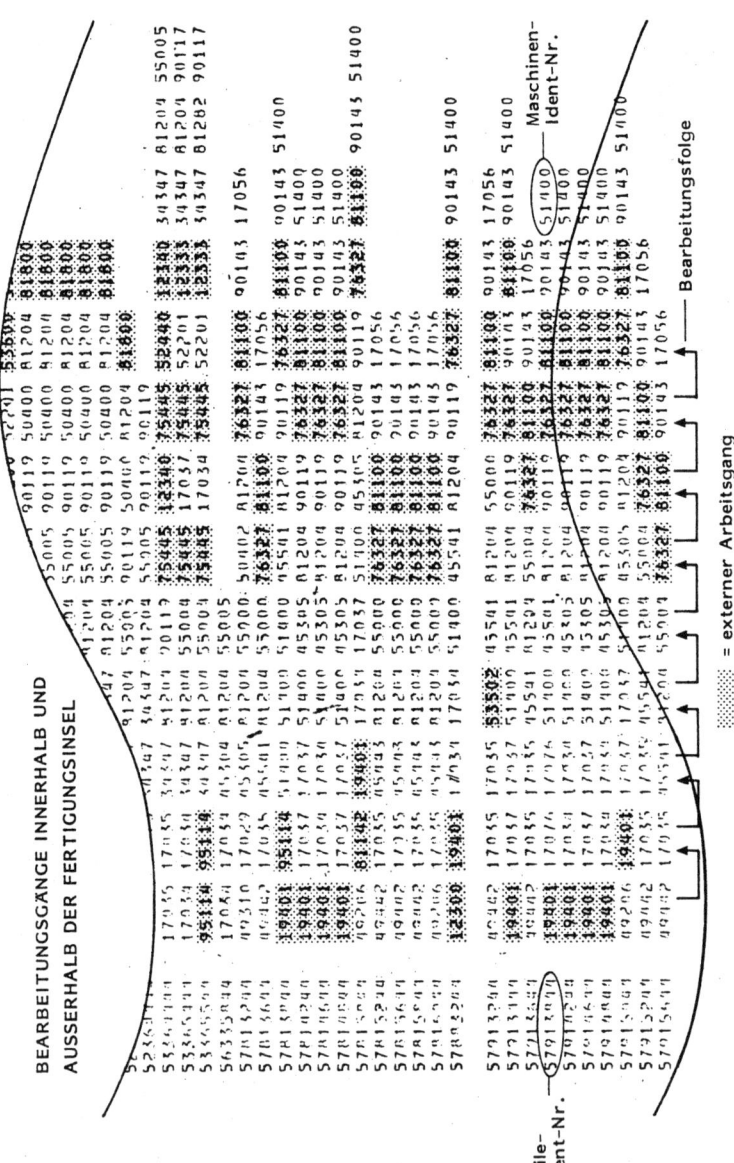

Bild 25: Bewertungsprotokoll für die Bearbeitungssequenzen (Auszug)

o   Anzahl der Teile aus der Teilefamilie, die 1, 2, 3 usw. externe Arbeitsgänge <u>hintereinander</u> aufweisen.

Damit ist eine differenziertere Beurteilung der Teilefamilien möglich. Das Beispiel einer solchen Beurteilung zeigt Bild 24.

Der letzte Teil der Bewertung beinhaltet einen Ausdruck aller Bearbeitungs-Sequenzen der Teilefamilien, wobei die externen Arbeitsgänge farblich gekennzeichnet werden. Der Ausdruck erfolgt geordnet, d.h. zunächst erscheinen alle Teile, die komplett gefertigt werden können. Es folgen jene mit einem steigenden Anteil an externen Bearbeitungsgängen. Bild 25 zeigt einen solchen Ausdruck. Auf diese Weise kann der Fertigungsplaner sofort erkennen, welche Teile (die mit einem hohen Anteil an externen Arbeitsgängen) möglicherweise der betreffenden Teilefamilie falsch zugeordnet wurden. Im Zuge der iterativen Verbesserung des Ergebnisses sind insbesondere diese Teile umzuplanen bzw. in besser geeignete Teilefamilien zu verschieben.

4.5.4   Iterative Verbesserung des Teilefamilienvorschlags

Die Bewertungsprotokolle werden vom Fertigungsplaner beurteilt. Das Ergebnis der Beurteilung kann zu einer iterativen Verbesserung des aktuellen Teilefamilien-Vorschlags führen. Dafür stehen zwei Wege zur Verfügung:

1. Das gezielte Ausgrenzen, Verschieben oder Zuteilen von einzelnen Teilen von einer Teilefamilie in eine andere (in Bild 22 mit MOVE gekennzeichnet).

2. Das Umplanen einzelner Arbeitsgänge der Teile auf Maschinen innerhalb der teilautonomen Fertigungseinheit (in Bild 22 mit MODIFY gekennzeichnet).

Aus den Bewertungsprotokollen der einzelnen Teilefamilien ist ersichtlich, welche Teile einen hohen Anteil an externen Arbeitsgängen haben. Solche Teile sind u.U. fehlerhaft vom automatischen Algorithmus der jeweiligen Teilefamilie zugeordnet worden. Solche Teile können aus der Teilefamilie herausgenommen (ausgegrenzt) werden. Damit wird die ursprüngliche Arbeitsdatei verkleinert. Ist erkenntlich, daß bestimmte Teile besser zu einer anderen Teilefamilie passen, so können diese anschließend dieser Teilefamilie zugeordnet werden.

Diese Vorgehensweise bezieht sich lediglich auf eine formale Verbesserung der Gliederung in Teilefamilien auf Basis der Analyse bestehender Bearbeitungsfolgen. Untersuchungen mit den Daten des Demonstrationsbeispiels von Kap. 5 haben gezeigt, daß das manuelle "Nachsortieren" nur einen geringen Effekt hat. Das Verschieben von Teilen bewirkt bei einigen Bearbeitungsgruppen Verbesserungen, bei anderen aber auch Verschlechterungen. Daraus wurde der Schluß gezogen, daß die Clusteranalyse in der Lage ist, ein Ergebnis auf hohem Niveau zu liefern.

Eine neue, planerische Qualität wird erst erreicht mit dem Umplanen einzelner Bearbeitungsgänge. Damit erfolgt erst eine Ablösung vom bisherigen Fertigungsprinzip (in der Regel Werkstattfertigung) und die Hinwendung zum gruppentechnologischen Prinzip. Die Teile einer Teilefamilie werden für ihre Bearbeitung möglichst auf die Maschinen der zugehörigen teilautonomen Fertigungseinheit eingeplant, damit eine möglichst komplette Bearbeitung erreichbar wird.

Die Trennschärfe zwischen den Teilefamilien wird erhöht, indem die Möglichkeit von Ausweichmaschinen, der Benutzung einer größeren oder kleineren Maschine ähnlichen Typs usw. genutzt werden. Die Klassifizierung des Maschinenparks allein (vgl. Kap. 4.3.4) ist noch nicht ausreichend, ebenso wie die in der Teilefamilien-Kapazitäts-Übersicht gekennzeichnete Übernahme von Kapazitäten von Maschinen kleineren Typs (die automatisch in der Modifikation der Bearbeitungssequenzen übernommen werden). Zusätzliche manuelle Modifikationen treten erst nach der Begutachtung der Bewertungsprotokolle auf.

Nach jeder Iteration werden wiederum Kapazitäten errechnet, Bearbeitungsmaschinen zugeordnet und Bewertungsprotokolle erstellt. Es wird überprüft, ob die Maschinenzuordnung noch richtig ist und ggf. korrigiert. Auf diese Weise werden die endgültigen Teilefamilien gebildet. Bei völlig unbefriedigenden Bewertungsergebnissen kann auch nochmals zu den Verfahrensschritte "Gliederung des Dendrogramms" und "Bearbeitungs-Sequenzen für die Clusterung" zurückgegangen werden.

Zum Abschluß werden jene Teile, die im Zuge der Bearbeitung der Arbeitsdatei (vgl. Kap. 4.3) als einfache Teile ausgegrenzt wurden (z.B. Teile mit nur 1, 2 oder 3 Arbeitsgängen) auf die gefundenen Teilefamilien verteilt. Da diese nur wenige Maschinen für die Bearbeitung benötigen, kommen für eine Zuordnung häufig mehrere Teilefamilien in Frage. Die Zuteilung sollte so erfolgen, daß freie Kapazitäten ausgelastet werden können.

4.6   Die Abschlußauswertung

Der Weg zu Teilefamilien für teilautonome Fertigungseinheiten beginnt bei den Arbeitsplänen und den in ihnen enthaltenen Bearbeitungs-Sequenzen. Es handelt sich um eine eindeutig fixierte Information, von der in den Folgeschritten abstrahiert wird (Bild 26). In der ersten Stufe wird der Maschinenpark klassifiziert. Damit wird die Clusterung erleichtert. Durch das Umplanen einzelner Arbeitsgänge auf Bearbeitungsgruppen, die in der teilautonomen Fertigungseinheit vorhanden sind, wird weiter abstrahiert. Die Bearbeitungssequenzen werden auf dieser Ebene solange modifiziert, bis eine zufriedenstellende Trennschärfe zwischen den Teilefamilien erreicht ist.

Den Abschluß des strukturierenden Teilefamilienbildungsverfahrens bildet der Vergleich der modifizierten Bearbeitungssequenz mit den ursprünglichen Bearbeitungssequenzen. Dazu wird nochmals auf den Originaldatenbestand zurückgegriffen (siehe Baustein VGL in Bild 22).

Auf Basis dieser Gegenüberstellung können wiederum fixierte, jetzt aber modifizierte Arbeitspläne erstellt werden. Diese Arbeitspläne berücksichtigen indirekt das gruppentechnologische Prinzip. Liegen die Maschinen-Ident-Nummern der teilautonomen Fertigungseinheit fest, so wird die Bearbeitungsgruppe in der Bearbeitungssequenz durch die Maschinen-Ident-Nr. ersetzt (vgl. Bild 26).

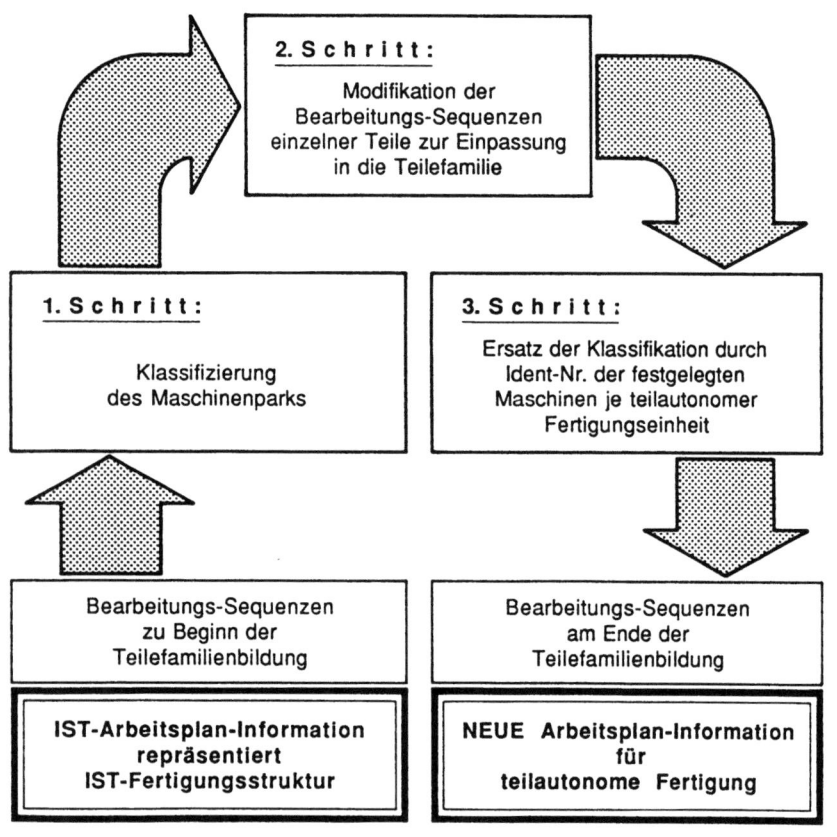

Bild 26: Ablaufschritte bei der Modifikation der Bearbeitungssequenzen in Richtung einer teilautonomen Fertigung

4.7 Zusammenfassender Standardablauf

Als Zusammenfassung des strukturierenden Teilefamilienbildungsverfahrens soll hier eine Schrittfolge für einen üblichen Ablauf beim Einsatz des Verfahrens gegeben werden.

1. Manuelle Gliederung des kompletten Datenbestandes. Dies geschieht durch eine Beschäftigung mit den Daten und der Durchführung verschiedener Statistiken. Die Gliederung führt zu der Festlegung einer Arbeitsdatei. Bei großen Arbeitsdateien sind die zu erwartenden Rechenzeiten zu beachten. Gegebenenfalls sind vorerst unwichtige Teile auszugliedern. Für die Bildung teilautonomer Fertigungseinheiten besonders interessant sind Teile mit einer großen Anzahl von Arbeitsfolgen. Gelingt es, diese in einer teilautonomen Fertigungseinheit zu fertigen, so ist aufgrund des vereinfachten Materialflusses mit einer deutlichen Reduzierung der Durchlaufzeit zu rechnen. Diese Teile sind somit vorrangig für die Arbeitsdatei auszuwählen.

2. Klassifizierung der ursprünglichen Maschinen-Ident-Nummern nach Bearbeitungsgruppen, ggf. unter Berücksichtigung der Maschinengröße. Modifizierung der Arbeitsdatei.

3. Bildung der Datei der Bearbeitungs-Sequenzen für die Clusterung, dabei Unterdrückung von trennschärfeirrelevanten Merkmalen wie Handarbeit, Waschen und sehr seltenen Bearbeitungsgruppen.

4. Durchführung einer automatischen Teilefamiliengenerierung mit dem Clusterprogramm QUISL. Das Ergebnis der Clusteranalyse ist ein Dendrogramm, an dem die Ähnlichkeitsstruktur der Teile abgelesen werden kann.

5. Das Dendrogramm kann in eine beliebige Anzahl Teilegruppen (den potentiellen Teilefamilien) zerlegt werden. Es sollte eine algorithmische Vorzerlegung gewählt werden, z.B. beim Distanzmaß 0,5. Die weitere Zerlegung erfolgt manuell mit

Unterstützung des Fertigungsplaners. In der Regel werden einige Probezerlegungen durchgeführt. Eine Teilegruppe wird weiterzerlegt, wenn die Anzahl der Hauptmaschinen in der dazugehörigen teilautonomen Fertigungseinheit einen bestimmten Wert (z.B. maximal 8 - 10 Maschinen, wenn Gruppenarbeit gewünscht wird) überschreitet. Die Anzahl der Maschinen wird bei der Kapazitätsberechnung und Maschinenzuteilung ermittelt.

6. Für jede Teilefamilie werden die benötigten Jahreskapazitäten für jede Bearbeitungsgruppe errechnet und in einer Übersicht zusammengestellt. Diese Übersicht ist die Grundlage für die Zuordnung von Maschinen für die zugehörige teilautonome Fertigungseinheit. Hier sollte ein algorithmischer Vorschlag erstellt werden, der vom Fertigungsplaner unter Auslastungsgesichtspunkten der Maschinen korrigiert wird. Die Übernahme von Kapazitäten von kleineren Maschinen durch größere Maschinen ist dabei ebenso zu prüfen.

7. Bewertung der gefundenen Teilefamilien- und Maschinenzuordnungs-Lösung und Begutachtung der Ergebnisprotokolle.

8. Schrittweise Verbesserung der Trennschärfe zwischen den Teilefamilien durch Verschieben von Teilen und insbesondere durch die Einpassung der Teile in die teilautonome Fertigungseinheit. Dabei erfolgt die Modifikation der Bearbeitungs-Sequenzen. Dies ist ein ganz entscheidendes Feld für den Fertigungsplaner aus dem Unternehmen. Nur er kann mit seinen Spezialkenntnissen und Erfahrungen angeben, welche Maschinenumplanungen vorgenommen werden können. Der Fertigungsplaner kann unterschiedliche Möglichkeiten ausprobieren. Die Auswirkungen seiner Aktionen kann er an den Kapazitätsübersichten und den verschiedenen Bewertungskennzahlen verfolgen.

9. Manuelle Verteilung der ursprünglich ausgegrenzten Teile auf die Teilefamilien bzw. Wiederholung des gesamten Ablaufs mit weiteren Arbeitsdateien.

10. Aufbereitung der Ergebnisse für eine Entscheidungsvorbereitung für die Geschäftsleitung. Verschiedene Alternativen, teilautonome Fertigungseinheiten zu bilden, werden gegenübergestellt und es wird eine Beurteilung der Wirtschaftlichkeit und der Betriebseigenschaften durchgeführt.

11. Nach der Verabschiedung Festlegung der exakten Maschinen je teilautonome Fertigungseinheit. Änderung der Bearbeitungs-Sequenzen und der Arbeitspläne entsprechend des Vergleichsprotokolls.

Die aufwendige Durchführung der Clusteranalyse (Schritt 4) ist nur einmal notwendig zur Erzeugung einer Ausgangskonfiguration. Die iterativen Schritte unter Mitwirkung des Fertigungsplaners sind hingegen wenig rechenzeitaufwendig und können im Dialog durchgeführt werden. Auf diese Weise wird nicht nur eine Unabhängigkeit von langen Rechenzeiten erreicht, sondern es können auch fehlerhafte Ergebnisse korrigiert werden. Zielgerichtete Umplanungen bei den Bearbeitungs-Sequenzen können erkannt und in Richtung von teilautonomen Fertigungseinheiten vorgenommen werden.

5 Anwendungserfahrungen beim Einsatz des Verfahrens hinsichtlich der Struktur einer Fertigung

5.1 Das Demonstrationsbeispiel

Das strukturierende Teilefamilienbildungsverfahren wurde in industriellen Praxisfällen eingesetzt. Die Gliederung in Teilefamilien soll der Fertigung eine neue Struktur geben, die sich am Prinzip der teilautonomen Fertigungseinheiten orientiert. In der Einleitung wurde bereits darauf hingewiesen, daß teilautonome Fertigungseinheiten kein Selbstzweck sind. Ob teilautonome Fertigungseinheiten, Werkstättenprinzip oder Zwischenformen für ein Unternehmen die geeignete Form sind, richtet sich allein nach wirtschaftlichen Überlegungen.

Von dem strukturierenden Teilefamilienbildungsverfahren muß daher erwartet werden, daß neben teilautonomen Fertigungseinheiten auch alternative Formen der Fertigungsorganisation aufgezeigt werden können. Und diese müssen einer vergleichenden Bewertung zugänglich sein. Nur dann hat das Teilefamilienbildungsverfahren eine praktische Bedeutung für eine Entscheidungsvorbereitung im Unternehmen. Die Erfahrungen hinsichtlich der Ableitung und dem Vergleich alternativer Fertigungsstrukturen und die Konsequenzen, die sich daraus ergeben, sollen im folgenden dargestellt werden.

Bei dem hier verwendeten Demonstrationsbeispiel bestand der komplette Datensatz des Unternehmens aus ca. 13 000 Teilen, die einen Gesamtkapazitätsbedarf von ca. 600 000 Stunden/Jahr besitzen. Aufgrund der Voranalysen des gesamten Datenbestandes war eine heuristische Vorgliederung des Teilespektrums möglich (vgl. Bild 27). Einfachteile haben maximal 3 Arbeitsgänge ohne Berücksichtigung von Handarbeitsgängen. Alle anderen Teile werden als komplex bezeichnet.

13 000 Teile	600 000 Bearb.-Std./a	Gesamt-Datenbestand
3 000 Teile	160 000 Bearb.-Std./a	Sonderteile
5 000 Teile	120 000 Bearb.-Std./a	Einfachteile
500 Teile	70 000 Bearb.-Std./a	Schweißteile
2 000 Teile	80 000 Bearb.-Std./a	Gehäuseteile, komplex
1 000 Teile	50 000 Bearb.-Std./a	Drehteile, unverzahnt, komplex
1 500 Teile	**120 000 Bearb.-Std./a**	**Drehteile, verzahnt, komplex**

Gliederung in Teilefamilien

Teile-familien-Nr.	Charakterisierung	Gütefaktor "gewichtet"	Gütefaktor "Inselwechsel"
1	Räumen, Innenrundschleifen	0,9765	0,9
2	Feinbohren, Räumen	0,9143	1,6
3	Nachformdrehen, Kaltwalzen	0,8762	3,0
4	Nutenfräsen, Außenrundschleifen	0,8186	3,9
5	Wälzstoßen, Zahnflankenschleifen	0,6713	2,9

Bild 27: Beschreibung des Demonstrationsdatensatzes

Die Teilegruppen können nacheinander clusteranalytisch gegliedert werden. Hier werden die verzahnten Drehteile weiterverfolgt. Es handelt sich um ca. 1 500 Teile, zu deren Bearbeitung 60 - 70 Maschinen benötigt werden. Die Clusteranalyse und anschließende iterative Verbesserung lieferte 5 Teilefamilien, die in Bild 27 mit ihren trennschärferelevanten Bearbeitungstechnologien charakterisiert sind. Die Gütekriterien sind ebenfalls angegeben.

5.2 Die Ableitung alternativer Fertigungsstrukturen

Das Ergebnis der Teilefamilienbildung und die Zuordnung der Bearbeitungsmaschinen wird in einer Übersicht dargestellt (Bild 28, vgl. Auch /7/). Die Maschinen der teilautonomen Fertigungseinheiten werden jeweils grob nach dem Fertigungsfluß angeordnet. Damit ist die Gesamtstruktur in diesem Fertigungsbereich der verzahnten Drehteile ersichtlich.

Aus der in Bild 28 gezeigten Darstellung lassen sich verschiedene Strukturalternativen ableiten. Hier sind z.b. mehrere dezentrale Härtemaschinen gezeigt. Sehr häufig liegt in den Betrieben jedoch eine zentrale Härterei vor, die aufgrund der hohen Kosten (umfangreiche Umweltschutzeinrichtungen) nur schwer dezentralisiert werden kann. In einem solchen Fall wird der Fertigungsfluß unterbrochen.

Wenn der Fertigungsfluß ohnehin unterbrochen wird, ergibt sich als zusätzliche Strukturalternative die Fertigung in teilautonomen Einheiten vor der Härterei und hinterher in einer gemeinsamen Schleiferei. Eine weitere Strukturalternative besteht darin, die Sägemaschinen abzutrennen und beispielsweise dem Materiallager zuzuordnen, um den Transport sperriger Materialien durch die Werkstätten zu vermeiden. Auf der anderen Seite könnte das Zusammenlegen von Sägen und Drehen verstärkt dazu führen, mehr auf das Drehen von der Stange überzugehen.

Faßt man sogar jede Technologiegruppe zu einer Organisationseinheit zusammen, so ergibt sich die klassische Werkstattfertigung. Dies ist in Bild 29 gezeigt. Jede Alternative eröffnet ganz unterschiedliche Perspektiven, die systematisch durch einen Bewertungsprozeß abgewogen werden müssen. Insgesamt sind im vorliegenden Fall die folgenden 6 Alternativen entwickelt worden.

TEILEFAMILIEN	BEARBEITUNGSVERFAHREN					
	Sägen	Drehen, Bohren			Zahnbearbeitung weich (Wälzfräsen, Räumen, Schaben)			Härten	Hartbearbeitung (Schleifen)
GR-1 Räumen, Innenrund-schleifen	Kreissäge 493	Einspindel-drehen 170	Doppelspin-deldrehen 171		Wälz-fräsen 453	Räumen 388	Schaben 504	Einsatz-härten 762	Innenrund-schleifen 521	Entgraten 550
							Entgraten 550		Innenrund-schleifen 522	
GR-2 Feinbohren, Räumen		Einspindel-drehen 170	Einspindel-drehen 170	Radial-bohren 223	Wälz-fräsen 453	Räumen 389	Schaben 504	Einsatz-härten 762	Innenrund-schleifen 522	
				Fein-bohren 254	Wälz-fräsen 455		Entgraten 550	Schutzgas-schweißen 722	Außenrund-schleifen 511	
GR-3 Kopierdrehen, Kaltwalzen	Kreissäge 493	Ablängen/ Zentrieren 194	Einspindel-drehen 170	Kopier-drehen 163	Wälz-fräsen 453	Kalt-walzen 681	Schaben 504		Außenrund-schleifen 514	
		Spitzen-drehen 123								
GR-4 Außenrund-schleifen	Kreissäge 493	Ablängen/ Zentrieren 192	Kopier-drehen 161	Ständer-bohren 213	Wälz-fräsen 451	Nuten-fräsen 472	Schaben 504	Einsatz-härten 762	Außenrund-schleifen 511	
					Wälz-fräsen 453				Außenrund-schleifen 514	
GR-5 Zahnflanken-schleifen	Kreissäge 494	Einspindel-drehen 170	Doppelspin-deldrehen 171		Wälz-fräsen 453	Wälz-stoßen 343	Schaben 504	Flamm-härten 763	Innenrund-schleifen 522	Zahnflan-kenschleifen 583
		Einspindel-drehen 170			Wälz-fräsen 454			Glühofen 754	Außenrund-schleifen 514	Entgraten 550

▓ = Kennzeichnung der räumlichen Organisationseinheiten

Bild 28: Übersichtsdarstellung Teilefamilien und zugeordnete Bearbeitungsmaschinen: Alternative A, vollständige Gliederung in teilautonome Fertigungseinheiten

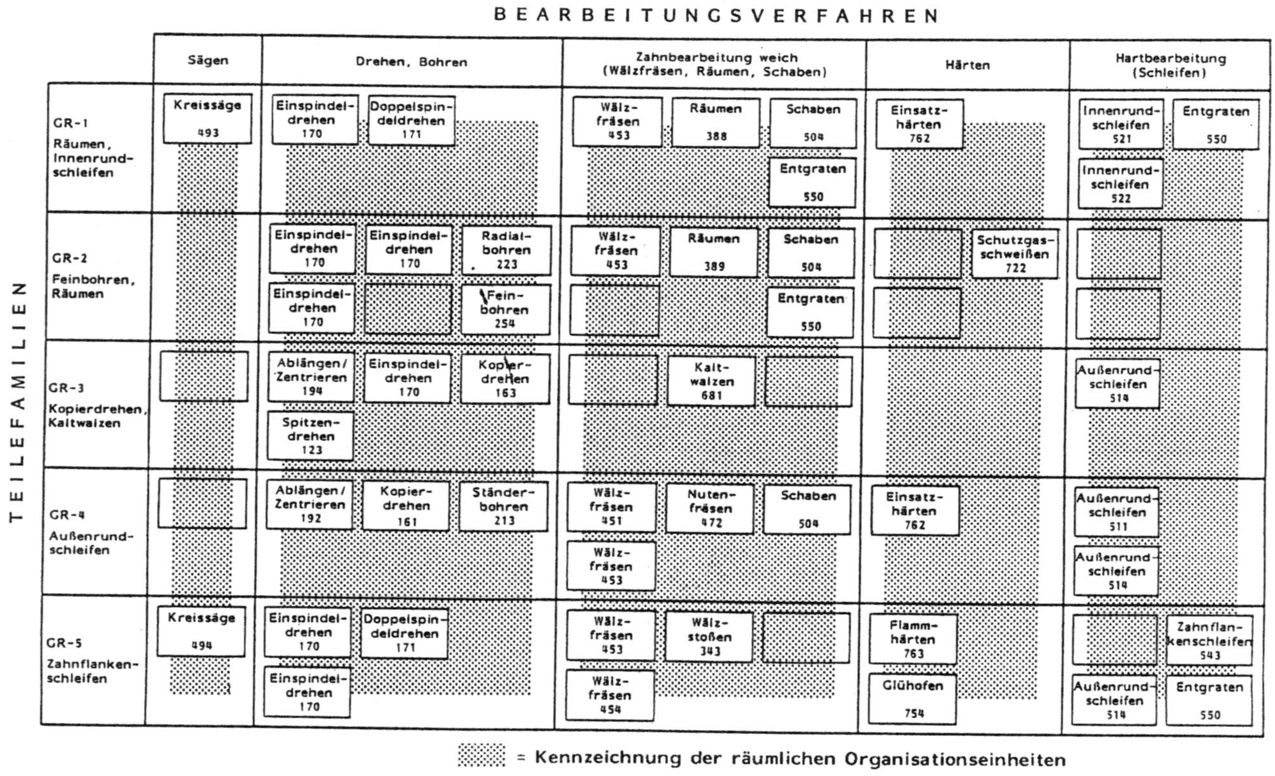

Bild 29: Übersichtsdarstellung Teilefamilie und zugeordnete Bearbeitungsmaschinen: Alternative F, Werkstättenprinzip

Alternative A: Vollständiges Prinzip der teilautonomen Fertigungseinheiten (vgl. Bild 28)

Alternative B: Nur Sägerei und Härterei, Rest nach Teilefamilien gegliedert

Alternative C: Sägen und Drehen gemeinsame Werkstatt, Rest nach Teilefamilien gegliedert

Alternative D: Nur Härterei und Schleiferei, Rest nach Teilefamilien gegliedert

Alternative E: Sägerei, Härterei und Schleiferei, Rest nach Teilefamilien gegliedert

Alternative F: Vollständiges Werkstättenprinzip (vgl. Bild 29).

Vollständiges Prinzip von teilautonomen Fertigungseinheiten und vollständiges Werkstättenprinzip stellen die beiden Extrempunkte bei der Strukturierung der Fertigung dar. Dazwischen gibt es eine Reihe von Zwischenlösungen durch Variation der Grenzen der Fertigungseinheiten. Die Variation der Grenzen der Fertigungseinheiten wird das alternativenbildende Prinzip genannt. Das alternativenbildende Prinzip ist schon früher erkannt worden (Auch /10/, hier wurden unterschiedliche Bearbeitungsgrundeinheiten zu Alternativen kombiniert). Es konnte festgestellt werden, daß beim Herausarbeiten eines alternativenbildenden Prinzips die Unterschiede zwischen den Alternativen, deren Vor- und Nachteile sowie Stärken und Schwächen, Chancen und Risiken besonders deutlich hervortreten. Dies ist Voraussetzung für die spätere Bewertung der Alternativen sowie für die Entscheidungsvorbereitung für die Beurteilung durch die Entscheidungsträger.

Das alternativenbildende Prinzip kann von Planungsfall zu Planungsfall unterschiedlich sein. Das Auffinden eines solchen Prinzips ist eine der wichtigsten Planungsleistungen und steht damit insgesamt im Zusammenhang mit der Kreativität für die Entwicklung von Planungslösungen (vgl. Auch /10/).

Mit einem wie in Bild 28 und 29 gezeigten geordneten Maschinen-Tableau, das die teilautonomen Fertigungseinheiten und den groben Materialfluß berücksichtigt, lassen sich aus der Teilefamiliengliederung alternative Fertigungsstrukturen ableiten.

5.3 Die Beurteilung des Maschinenbedarfs

In Bild 29, bei der Darstellung der Organisationsform Werkstättenfertigung, sind einige Maschinenkästchen leer. Dies bedeutet, hier werden weniger Maschinen benötigt als bei der Gliederung in teilautonome Fertigungseinheiten. Die Dezentralisierung von Kapazitäten unter Beibehaltung der Zuteilungsregeln für eine Maschine zu einem Kapazitätsbedarf führt zu einem Mehrbedarf an Maschinen. Dies wurde bereits bei der Teilefamilien-Kapazitäts-Übersicht in Bild 23 (vgl. Kap. 4.5.4) deutlich.

Wie man jetzt erkennt, stellt die Spalte "Datensatz" in Bild 23, wo die Kapazitäten je Bearbeitungsgruppe zusammengefaßt sind, eine Repräsentation der Werkstattfertigung dar, die Aufgliederung in Teilefamilien (Spalten GR-1 bis GR-5) die Repräsentation in teilautonome Fertigungseinheiten. Damit sind in der Teilefamilien-Kapazitäts-Übersicht die beiden extremen Strukturalternativen bereits abgedeckt.

Der erhöhte Maschinenbedarf bei Gliederung in teilautonome Fertigungseinheiten kann z.T. erheblich sein. Im vorliegenden Fall werden bei dem Organisationsprinzip Werkstattfertigung 12 Maschinen weniger benötigt (vgl. Bild 29), das sind ca. 20% der bei der Gliederung in teilautonome Fertigungseinheiten benötigten Maschinen. Um eine solche Mehrinvestition rechtfertigen zu können, müssen die teilautonomen Fertigungseinheiten in anderen Bereichen zahlreiche Vorteile haben, bei Durchlaufzeiten, Flexibilität, Bestandsreduzierung, Termintreue usw., die den erhöhten Investitionsbedarf mindestens ausgleichen, besser überkompensieren.

Das Zusammenlegen von Kapazitäten hingegen ermöglicht in der Regel eine bessere Maschinenauslastung sowie die Nutzung leistungsfähiger Einheiten und damit niedrigere Produktionskosten (sogenannte Synergie-Effekte, vgl. Management-Enzyklopädie /70/). Möchte man alle Synergie-Effekte ausnutzen, führt das zum Konzept einer Werkstattfertigung. Die größte Gefahr beim Konzept der teilautonomen Fertigungseinheiten besteht somit in dem möglichen Verzicht auf kapazitive Synergie-Effekte.

Aus diesem Grunde ist es zwingend notwendig, nach Strukturalternativen zwischen diesen beiden Extremen zu suchen, so daß der Maschinenbedarf auf der einen Seite nicht zu stark ansteigt und auf der anderen Seite dennoch eine weitgehende Komplettbearbeitung der Teile möglich ist, so daß kurze Durchlaufzeiten gewährleistet werden können. Für eine Bewertung sind daher neben dem Investitionsbedarf detaillierte Angaben für den Rückgang der Durchlaufzeiten, die Reduzierung der Umlaufbestände, dem Rückgang des Material-Transportaufwands, der Verbesserung der Reaktionsgeschwindigkeit bei Produktionsänderungen oder Störungen und der Verbesserung der Termineinhaltung notwendig.

In der industriellen Praxis entschärft sich dieses Dilemma. Bei der Realisierung von teilautonomen Fertigungseinheiten kann ein geringer Kapazitätsbedarf in einer Bearbeitungsgruppe häufig durch sogenannte Beistellmaschinen abgedeckt werden. Es handelt sich dabei um abgeschriebene Maschinen, die noch im Betrieb vorhanden sind, die jedoch nur geringe Kosten verursachen und deshalb ist eine hohe Kapazitätsauslastung nicht zwingend notwendig. Grundsätzlich ändert sich dadurch an dem oben dargestellen Sachverhalt jedoch nichts.

Bei der hier vorgenommenen Betrachtung handelt es sich um eine von der bestehenden Fertigung unabhängigen Entscheidungssituation, d.h. man unterstellt, daß alle Maschinen beschafft werden müßten, unabhängig davon, welche Fertigungsstruktur zu realisieren ist. Eine solche Betrachtung ist aber unverzichtbar, will man erkennen, in welche Richtung eine Fertigung sich in Zukunft entwickeln sollte. Es geht um die strategische Ausrichtung einer Fertigung, um die optimale Deckung des Kapazitätsbedarfs und die Zielrichtung für Investitionen.

Bei der Reorganisation einer bestehenden Fertigung ist dann zu entscheiden, welche vorhandenen Maschinen weiterverwendet werden können, und wo Neuinvestitionen notwendig werden. Auf diese Weise kann eine vorhandene Fertigung mit ihren Restriktionen die strategische Ausrichtung des zukünftigen Fertigungskonzepts nicht behindern.

5.4 Die Bewertung von Strukturalternativen

Zur Bewertung von Planungsalternativen ist ein Verfahren entwickelt worden, das speziell die Einbeziehung schwer quantifizierbarer Kriterien ermöglicht (vgl. Auch /5/). Eine Weiterentwicklung dieses Verfahrens, das mit einer planungsfallabhängigen Operationalisierung solcher schwer quantifizierbarer Kriterien und Rangreihen arbeitet, hat im praktischen Einsatz besondere Akzeptanz gefunden (Bullinger, Auch /20/).

Dieses Verfahren läßt sich auch für die Bewertung der alternativen Möglichkeiten der strukturellen Gestaltung einer Fertigung einsetzen. An dieser Stelle soll demonstriert werden, wie eine Bewertung vom Grundsatz angelegt werden kann. Daraus lassen sich bereits eine Reihe von Verhaltenseigenschaften von teilautonomen Fertigungseinheiten ableiten.

In einem Planungs- und Bewertungsteam wird zunächst eine Liste der relevanten Bewertungskriterien aufgestellt. Um die Bedeutung der Kriterien zu erkennen, wird eine Prioritätenreihenfolge angegeben, die im vorliegenden Fall von 1 bis 8 reicht (die Prioritäten stellen eine Zusammenfassung von Einzelbewertungen von Personen verschiedener Abteilungen des betreffenden Betriebes dar).

Die Struktur-Alternativen (vgl. Kap. 5.2) werden nun bzgl. eines jeden Kriteriums beurteilt, indem sie in eine Rangreihe gebracht werden hinsichtlich der Erfüllung des Kriteriums (Rangplatz 1 bedeutet beste Erfüllung). Das Ergebnis zeigt Bild 30. Dabei zeigte sich, daß bei kurzen Durchlaufzeiten, geringen Beständen, autonomer Fertigung, Komplettbearbeitung und klarem

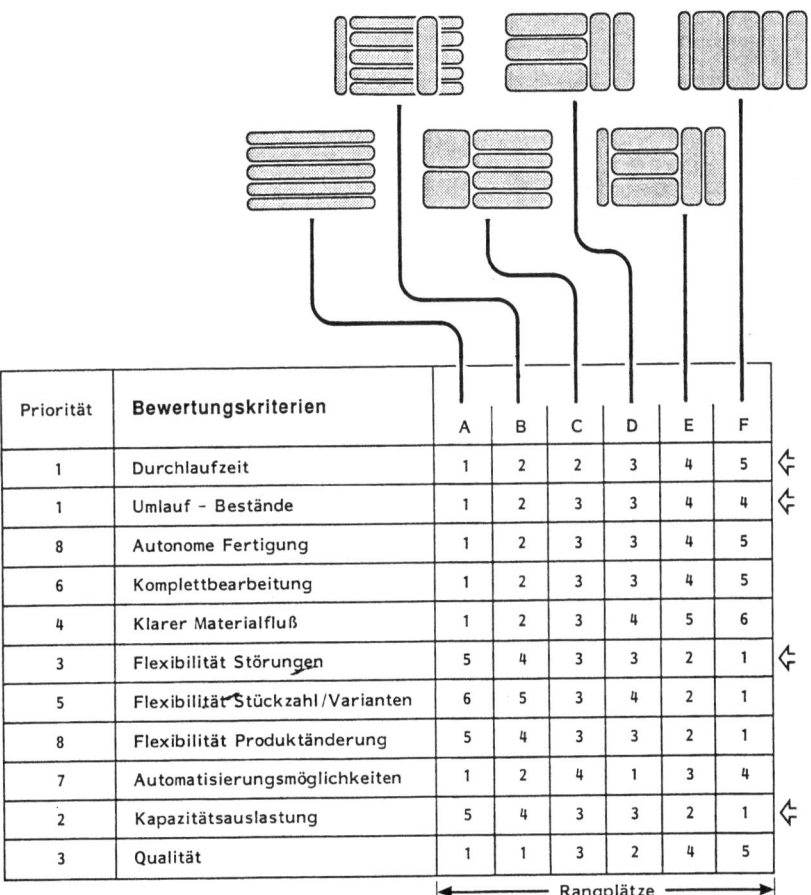

Bild 30: Rangreihe der Strukturalternativen hinsichtlich relevanter Bewertungskriterien

Materialfluß das reine Prinzip der teilautonomen Fertigungseinheiten (Alternaive A) am besten abschneidet, die Werkstattfertigung (Alternative F) am schlechtesten.

Die Kapazitätsauslastung und alle Flexibilitätskriterien erhielten genau umgekehrte Bewertungen. Die mangelnde Kapazitätsauslastung der reinen teilautonomen Fertigung ist Ausdruck der größeren Anzahl von Maschinen. Die Bewertung der Flexibilität ist zunächst überraschend, wird bei näherem Hinsehen aber verständlich. Die teilautonome Fertigung hat erhebliche Probleme mit Ausweichkapazitäten oder Reservekapazitäten, da häufig nur eine Einheit von einer Technologie pro Fertigungseinheit zur Verfügung steht. Störungen oder auch starke Stückzahlschwankungen können hier Probleme bereiten. Produktänderungen können sogar das ganze Teilefamilienkonzept in ihren Stückzahlstrukturen verschieben und damit einmal installierte Fertigungseinheiten in Frage stellen.

Insgesamt ergibt sich ein relativ heterogenes Bild, das eine Aussage über die Wirtschaftlichkeit als Summe aller Kriterien kaum zuläßt. Ob teilautonome Fertigungseinheiten grundsätzlich Vorteile bringen, ist nicht entscheidbar. Kurzen Durchlaufzeiten und geringe Bestände stehen die geringere Kapazitätsauslastung (bzw. erhöhter Investitionsbedarf) und geringere Flexibilität gegenüber. Es scheint weder das eine noch das andere Prinzip grundsätzlich solche Vorteile zu besitzen, daß mögliche Nachteile deutlich überkompensiert werden. Die beste betriebliche Lösung scheint sich daher im Mittelfeld der Alternativen zu befinden. Man erreicht dann zwar nicht die optimalen Durchlaufzeiten, ist aber auch nicht so anfällig bei Stückzahlschwankungen.

Um in diesem Mittelfeld eine Aussage machen zu können, sind Einzelheiten des jeweiligen Planungsfalles ausschlaggebend (welche Teile unterliegen welchen Schwankungen, wie teuer sind die eingesetzten Technologien usw.). Die verwendeten Kriterien sind dabei möglichst weitgehend zu quantifizieren (vgl. Bullinger, Auch /20/).

5.5 Komplettbearbeitung und Komplettverantwortung

Häufig ist es nicht möglich, alle Arbeitsgänge eines Teiles innerhalb einer Fertigungseinheit durchzuführen. Die wichtigsten Gründe sind:

o   Verschiedene Technologien können nur sehr schwer dezentralisiert werden, z.B. das Härten oder das Lackieren.

o   Bei bestimmten Schlüsseltechnologien ist nur eine Maschine vorhanden, die nur einer teilautonomen Fertigungseinheit zugeordnet werden kann.

o   Der Kapazitätsbedarf in einer Technologie ist so gering, daß es sich nicht lohnt, dafür eine Maschine in die teilautonome Fertigungseinheit zu stellen.

o   In bestimmten Technologiebereichen möchte man die Synergie-Effekte nutzen, z.B. statt vieler kleiner Sägen ein großes Sägezentrum.

o   Maschinen können im Layout nur schwer verschoben werden, da sie große Fundamente oder Gruben besitzen.

o   In der Bearbeitungs-Sequenz treten Fremdarbeitsgänge auf, die außer Haus gegeben werden müssen, z.B. Vergüten.

Betrachtet man die Gütefaktoren für das Demonstrationsbeispiel (Bild 27, Kap. 5.1), so zeigt sich, daß bereits bei der reinen teilautonomen Fertigungs-Lösung die Gütefaktoren für den Anteil der internen Arbeitsgänge über die Gesamtstruktur bei ca. 0,85 liegt, für die Inselwechsel bei 2,5. Berücksichtigt man, daß aus den bereits diskutierten Gründen reine teilautonome Fertigungseinheiten häufig nicht realisiert werden, so kann erwartet werden, daß lediglich 70 - 80 % aller Arbeitsgänge in einer Organisationseinheit gefertigt werden können und die Lose durchschnittlich 2 - 3 mal die Organisationseinheiten wechseln. Eine

Komplettbearbeitung wird nur für wenige Teile erreicht. Nach wie vor wird somit eine Vernetzung der Organisationseinheiten in der Fertigung verbleiben.

Jeder Wechsel der Organisationseinheit kostet Zeit und gefährdet das Ziel von kurzen Durchlaufzeiten und geringen Beständen. Diesem Sachverhalt kann entgegengewirkt werden durch eine Trennung von Terminverantwortung und der Verantwortung für einen bestimmten Maschinenpark (teilautonome Fertigungseinheit).

Wie bereits früher an einem Beispiel gezeigt wurde (Auch, Bullinger, Seidel, Stockert /11/) müssen teilautonome Fertigungseinheiten und terminlicher Verantwortungsbereiche des Leiters der Fertigungseinheit nicht übereinstimmen. Der Terminverantwortungsbereich hat unter den Gesichtspunkten kurze Durchlaufzeiten und hohe Reaktionsgeschwindigkeit eine besondere Bedeutung. Der Terminverantwortungsbereich sollte immer die Komplettbearbeitung beinhalten (Termin für die Fertigstellung des Fertig-Teiles). Nur so hat der Verantwortliche in allen Phasen des Produktionsfortschritts die Möglichkeit einzugreifen.

Dabei ist es jedoch <u>nicht</u> notwendig, daß auch alle Arbeitsgänge innerhalb derselben teilautonomen Fertigungseinheit durchgeführt werden. Verläßt ein Teil für einen Arbeitsgang körperlich die Fertigungseinheit, um auf der Maschine eines Kollegen bearbeitet zu werden, so bleibt der Leiter der Fertigungseinheit nach wie vor <u>terminlich</u> für das Teil verantwortlich. Er muß sich mit seinem Kollegen abstimmen und bleibt für die Einhaltung des Fertigungstermins voll verantwortlich.

Auf diese Weise gelingt es, das Konzept der teilautonomen Fertigungseinheiten auf der Verantwortungsebene als <u>Komplettverantwortung</u> aufrecht zu erhalten, auch wenn eine <u>Komplettbearbeitung</u> innerhalb einer räumlichen Einheit nicht mehr möglich ist. Hier gibt man den Gesichtspunkten der Kapazitätsauslastung, der Flexibilität, den Zwängen eines vorhandenen Layouts usw. nach. Die Fertigungseinheit stellt somit jeweils einen Verantwortungskern dar, die tatsächliche terminliche Verantwortung reicht jedoch über alle Arbeitsgänge und nicht nur über die Maschinen der Fertigungseinheit (vgl. Bild 31).

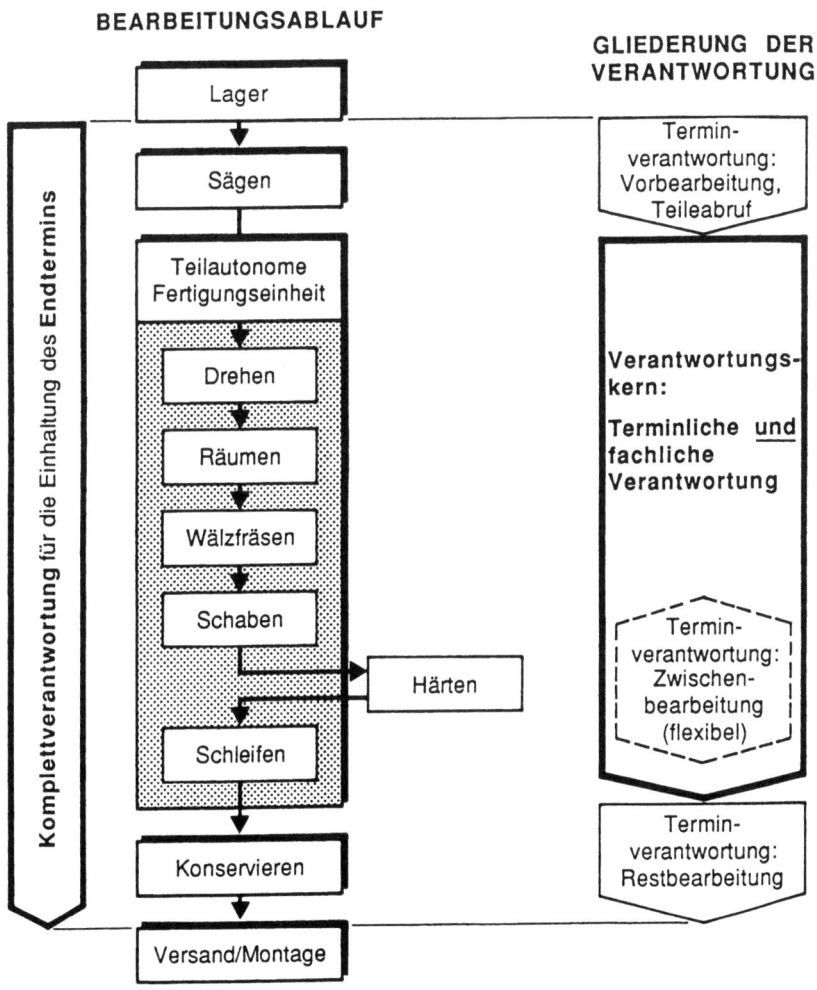

Bild 31: Komplettverantwortung und Verantwortungskern bei teilautonomer Fertigung

Für eine strukturelle Gliederung der Fertigung in teilautonome Einheiten ergibt sich somit folgendes 2-Ebenen-Konzept:

1. Bildung von Teilefamilien und Zuordnung von Maschinen
   Hier sind Kompromisse hinsichtlich der Komplettbearbeitung unter dem Aspekt verbesserter Kapazitätsauslastung und Erhaltung der Flexibilität zulässig.

2. Gliederung der Verantwortungsbereiche
   Jede teilautonome Fertigungseinheit erhält einen Leiter, der diese technologisch betreut. Dem Leiter wird ein Teilekontingent (Teilefamilie) zugeordnet, das er terminlich vom ersten bis zum letzten Arbeitsgang verantwortet, selbst wenn die Teile vorübergehend seinen Bereich verlassen.

Das 2-Ebenen-Konzept soll sicherstellen, daß hohe Kapazitätsauslastung und Flexiblität vorhanden ist und zusätzlich kurze Durchlaufzeiten und geringe Bestände.

5.6 Auswirkungen auf das Produktionsplanungs- und -steuerungssystem

Die gegenwärtigen PPS-Systeme sind dadurch gekennzeichnet, daß sie eine umfangreiche Vertriebsabwicklung, Materialwirtschaft und Zeitwirtschaft beinhalten, die eigentliche Planung, Auftragsfreigabe und Steuerung aber nur schwach unterstützen (Scheer, Ruffing /94/). Das Ergebnis sind die allgemein bekannten Rückstände. Die Aufträge werden vom PPS-System zwar terminiert, geraten aber in der Praxis in den sogenannte Rückstand. Damit verlieren die Termine für die Steuerung vor Ort in der Werkstatt ihren Wert. Am Rückstand erkennt man lediglich den Unterschied zu einem in Vergangenheit vergebenen Termin, der heute nicht mehr gilt. Welcher Auftrag nun wirklich aktuell zu bearbeiten ist, läßt sich nur bedingt daraus ableiten (es sei denn man befolgt die Regel, die Aufträge mit dem größten Rückstand müssen zuerst bearbeitet werden). Nach wie vor ist man somit auf das Fingerspitzengefühl der Terminer oder der Meister angewiesen. Die Unterstützung ihrer Entscheidungen durch das PPS-System ist begrenzt (vgl. Auch /8/).

Das zukünftige PPS-System muß daher eine wesentlich verbesserte Planung, Fertigungskoordination und Steuerung aufweisen, während die Bedeutung von Materialwirtschaft und Zeitwirtschaft zurückgehen (Scheer, Ruffing /94/). Dies läuft auf eine Zweiteilung der PPS-Funktionen hinaus, was durch das Prinzip der teilautonomen Fertigungseinheiten unterstützt wird.

Verglichen mit der heutigen Situation wird <u>zentral</u> lediglich eine Art "Rumpf-PPS" verbleiben, die eine Grobplanung vornimmt und <u>dezentrale</u> "Vor-Ort-PPS"-Einheiten koordiniert. Grobplanung bedeutet, daß hier lediglich Ecktermine vergeben werden, z.B. spätester Fertigstellungstermin und frühester Starttermin eines Gesamtauftrages. Die Terminierung der einzelnen Arbeitsgänge erfolgt dann vor Ort in den dezentralen teilautonomen Fertigungseinheiten. Auf diese Weise können die Termine vor Ort aktuell gehalten werden und bilden damit wirklich eine Hilfe für die Auftragsreihenfolgeplanung und -entscheidung. Damit ist auch eine Entflechtung des Informationsflusses möglich, wie sie bereits von Ahlmann /1/, vgl. Bild 3 in Kap. 2.2, skizziert wurde.

Die Bezeichnung "Rumpf-PPS" bedeutet nicht, daß die dahinter stehende Software in Zukunft einfacher wird. Das Gegenteil ist der Fall. Nach wie vor werden alle bisherigen PPS-Funktionen benötigt. Hinzu kommen Funktionen, die die Koordination der teilautonomen Fertigungseinheiten betreffen, das Übertragen von Auftragspaketen an jede teilautonome Fertigungseinheit und das Empfangen und Auswerten von Rückmeldungen. Der Entlastungseffekt kommt dadurch zustande, daß ein geringeres Datenvolumen bewältigt werden muß. Es müssen nur noch Ecktermine vergeben und abgestimmt werden. Gegenüber der heutigen Situation ist man damit auch ehrlicher. Die Terminierung einzelner Arbeitsgänge täuschte eine Scheingenauigkeit vor, die in der Praxis nie eingehalten werden konnte.

Für die dezentralen PPS-Funktionen ist eine gesonderte Software, die auf eigenen Rechnern läuft, notwendig. Auf diese Weise ist ein von den Verfügbarkeitszeiten des Zentralrechners unabhängiger Betrieb möglich. Eine solche Software wird unter der Bezeichnung "Leitstand-Systeme" (Kreimeier /61/) von mehreren Herstellern bereits angeboten. Sie stellen eine Art elektronische Plantafel dar (vgl. Bild 32).

Bei teilautonomen Fertigungseinheiten und dem Konzept der Komplettverantwortung muß das dezentrale Auftragseinplanungs- und -steuerungssystem eine Reihe von Anforderungen erfüllen. Die Aufträge müssen vom verantworlichen Leiter der Fertigungseinheit beliebig verschoben werden können, es können Aufträge vorgezogen, Eilaufträge zwischengeschoben werden usw. Welche Auswirkungen dies auf die bereits eingeplanten Aufträge hat, kann aus der Übersicht der elektronischen Plantafel entnommen werden. Werden Ecktermine überschritten (speziell spätester Endtermin des letzten Arbeitsganges), so wären Korrekturen bei der Einplanung vorzunehmen, bzw. wenn dies nicht möglich ist, ist eine Meldung an das übergeordnete PPS-System abzugeben. Der Leiter der teilautonomen Fertigungseinheit ist in seiner Einplanung völlig frei, solange Ecktermine gehalten werden.

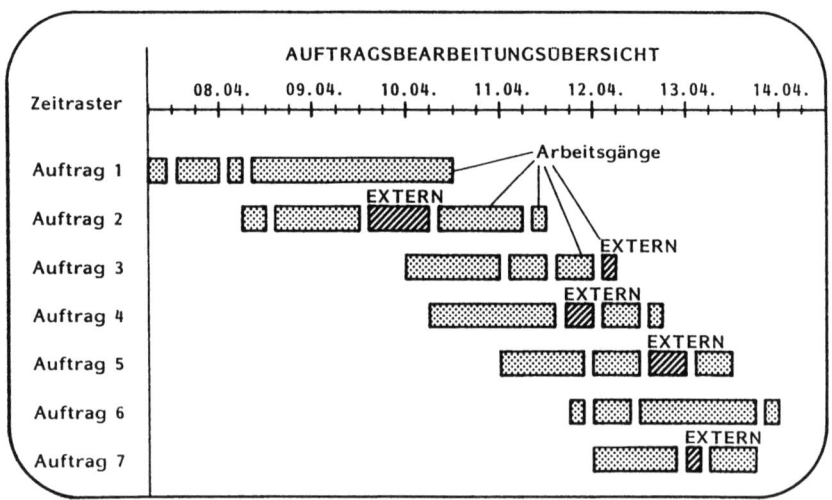

Bild 32: Beispiel für eine elektronische Plantafel für die Auftragseinplanung und -steuerung in teilautonomen Fertigungseinheiten

Besonders wichtig ist die Anzeige der externen Arbeitsgänge. Diese müssen in ihrer zeitlichen Dauer berücksichtigt werden. Wird die Koordination der verschiedenen teilautonomen Fertigungseinheiten allein vom zentralen PPS-System durchgeführt, so sind die externen Arbeitsgänge und die einzelnen Teilabschnitte mit Eckterminen zu versehen. Damit wird der Werkstatt allerdings ein erhebliches Maß an Flexibilität wieder genommen. Die Anzahl der Arbeitsgänge, die frei zeitlich verschoben werden können, wird geringer. Insbesondere einzelne externe Arbeitsgänge werden regelrecht in Eckterminen eingemauert. Ein Verschieben ist nicht mehr möglich.

Diese Inflexibilität ist hausgemacht und durch die zentrale Koordinationsfunktion des zentralen PPS-Systems erzeugt. In der Praxis vor Ort ist es durchaus möglich, externe Arbeitsgänge zeitlich zu verschieben, ohne daß der Ecktermin des Gesamtauftrages gefährdet ist, wenn sich die beiden teilautonomen Fertigungseinheiten einigen. Will man dieses software-mäßig abbilden, so ist es notwendig, daß auch die teilautonomen Fertigungseinheiten untereinander kommunizieren. Entsprechende Software ist bisher nicht bekannt.

6. Leistungsvergleich für das Teilefamilienbildungsverfahren

6.1 Festlegung der Leistungskriterien

Das Teilefamilienbildungsverfahren wurde einem Leistungsvergleich unterzogen. Dabei wurde der schnelle Clusteralgorithmus QUISL verglichen mit einem Clusteralgorithmus nach Ward, wie ihn z.B. Weber /116/ verwendet, und einer heuristischen Gliederung in Teilefamilien, d.h. einer Lösung, wie sie ein Fertigungsplaner aufgrund seines Fachwissens gefunden hat.

Die Leistungsfähigkeit der Verfahren wurde nach folgenden Kriterien beurteilt (vgl. Bild 33):

o Trennschärfe zwischen den Teilefamilien und teilautonomen Fertigungseinheiten (innerhalb einer Teilefamilie möglichst ähnliche Teile, in verschiedenen Teilefamilien möglichst unterschiedliche Teile)

o Bearbeitungsgrad der Teile einer Teilefamilie (wieviele Arbeitsgänge eines Teils können innerhalb der teilautonomen Fertigungseinheit durchgeführt werden und wieviele müssen außerhalb durchgeführt werden?)

o Bildung gleich großer Teilefamilien und Fertigungseinheiten (Ziel ist die Bildung möglichst autonomer Einheiten, die Gruppenstärke haben sollen; die Gruppen sollten möglichst gleich groß sein, um eine gleichmäßige Gliederung der Gesamtfertigung zu erhalten)

o Aufwand für den Algorithmus hinsichtlich manueller Bearbeitungszeit und Rechenzeiten.

Beurteilungskriterien TRENNSCHÄRFE

- Anzahl Maschinen: Summe aller Maschinen, die für die teilautonomen Fertigungseinheiten ausgewählt wurden
- Kapazität in TFE: Durchschnittliche Kapazität auf den ausgewählten Maschinen relativ zur Gesamtkapazität über alle TFE in Prozent
- Maschinenauslastung: Durchschnittliche Maschinenauslastung bei Zwei-Schicht-Betrieb über alle TFE in Prozent

Beurteilungskriterien BEARBEITUNGSGRAD

- Faktor "Generell": Durchschnittlicher Gütefaktor "Generell" über alle TFE
- Faktor "Durchschnitt": Durchschnittlicher Gütefaktor "Durchschnitt" über alle TFE
- Faktor "Gewichtet": Durchschnittlicher Gütefaktor "Gewichtet" über alle TFE
- Komplettbearbeitungsanteil: Durchschnittlicher Anteil der komplett bearbeiteten Teile und der Teile mit maximal einem externen Arbeitsgang über alle TFE in Prozent
- Ausgrenzungsanteil: Durchschnittlicher Anteil der fehlerhaft zugeordneten Teile (weniger als 60% interne Arbeitsgänge) über alle TFE in Prozent
- Faktor "Inselwechsel": Durchschnittlicher Gütefaktor "Inselwechsel" über alle TFE

Beurteilungskriterien GLEICHE GRÖSSE

- Teile: Standardabweichung der Anzahl Teile je TFE
- Maschinen: Standardabweichung der Anzahl ausgewählter Maschinen je TFE
- Kapazität Gesamt: Standardabweichung der Kapazität "Gesamt" je TFE
- Kapazität TFE: Standardabweichung der Kapazitäten auf den ausgewählten Maschinen je TFE

Beurteilungskriterien AUFWAND

- Rechenzeit: Benötigte Rechenzeit in CPU-Stunden
- Manuell: Benötigte manuelle Bearbeitungszeit in Stunden

TFE = teilautonome Fertigungseinheit

Bild 33: Definition der Kriterien des Leistungsvergleichs für das Teilefamilienbildungsverfahren

Für die Messung dieser Kriterien wurden eine Reihe von Kennzahlen entwickelt, die in Bild 33 wiedergegeben sind. Die Trennschärfe zwischen den Teilefamilien wird nach der Anzahl der in der teilautonomen Fertigungseinheit benötigten Maschinen sowie deren Auslastung beurteilt. Wenn die Teilefamilien stark unterschiedlich sind, ist eine eindeutige Maschinenzuordnung möglich mit entsprechend guten Auslastungsgraden. Der Bearbeitungsgrad wird mit Hilfe verschiedener Gütefaktoren beurteilt (vgl. dazu auch Kap. 4.5.4), die gleiche Größe der Teilefamilien bzw. teilautonomen Fertigungseinheiten mit verschiedenen Standardabweichungen.

6.2 Ergebnis des Leistungsvergleichs

Das Ergebnis des Leistungsvergleichs zeigt Bild 34. Die Untersuchung wurde mit demselben Demonstrationsdatensatz durchgeführt, der schon in Kap. 5 verwendet wurde. Angegeben sind die Durchschnittswerte über die 5 Teilefamilien. Die detaillierten Daten sind im Anhang wiedergegeben. In Bild 34 sind neben den reinen Zahlenwerten auch Rangplätze für jedes Ergebnis vergeben worden. Rangplatz 1 bedeutet die beste Lösung.

Die einzelnen Spalten bedeuten:

WARD: Teilefamilienbildung nach einem Clusterverfahren von Ward (vgl. auch Kap.3.2.2)

QUISL: Teilefamilienbildung mit dem entwickelten schnellen Clusteralgorithmus

HEURISTIK: Heuristische Gliederung in Teilefamilien nach Erfahrungswissen des Planers

DATENSATZ: Vergleichswerte für den kompletten Datensatz ohne Aufgliederung in Teilefamilien.

| Bewertungs- | Verfahren | | | | | | DATENSATZ (Vergleichswerte) |
kriterien	WARD		QUISL		HEURISTIK		
Trennschärfe							
• Anzahl Maschinen	59	1	60	2	62	3	50
• Kapazität in TFE [%]	84	1	82	3	83	2	90
• Maschinenauslastung [%]	70	2	71	1	70	2	93
Bearbeitungsgrad							
• Faktor "Generell"	0,8222	2	0,8153	3	0,8376	1	0,9337
• Faktor "Durchschnitt"	0,8301	2	0,8210	3	0,8398	1	0,9275
• Faktor "Gewichtet"	0,8513	3	0,8514	2	0,8837	1	0,9330
• Komplettbearbeitungsanteil [%]	56	1	53	3	54	2	83
• Ausgrenzungsanteil [%]	10	2	11	3	7	1	3
• Faktor "Inselwechsel"	2,5	2	2,5	2	2,2	1	0,9
Gleiche Größe							
• Teile [σ]	144	3	73	1	54	2	–
• Maschinen [σ]	5,4	3	2,0	1	3,1	2	–
• Kapazitäten gesamt [σ]	12 000	3	4 000	1	5 500	2	–
• Kapazitäten TFE [σ]	10 000	3	2 300	1	4 000	2	–
Aufwand							
• Rechenzeit [CPU-Std.]	8	3	0,5	2	0,01	1	–
• Manuell [Std.]	1	1	1	1	15	2	–
	Absolut-wert	Rang-platz	Absolut-wert	Rang-platz	Absolut-wert	Rang-platz	Absolut-wert

Bild 34: Ergebnis des Leistungsvergleichs

Für die Beurteilung der Trennschärfe ist das entscheidende Kriterium die Anzahl der für die Fertigung benötigten Maschinen. Die Maschinenzuordnung wurde in allen Fällen nach denselben Regeln hinsichtlich einer Mindestauslastung durchgeführt.

Nach diesen Regeln wären 50 Maschinen notwendig, um den Kapazitätsbedarf des gesamten Datensatzes abzudecken. Nach wie vor bleiben aber einige Bearbeitungsgruppen unberücksichtigt, da sie zu geringe Kapazitätsanteile haben, als daß es sich lohnen würde, dafür eine Maschine zu installieren. Dies liegt darin begründet, daß der Datensatz bereits aus einem größeren Datensatz ausgegrenzt wurde. Die 50 Maschinen decken 90 % des Gesamtkapazitätsbedarfs ab, 10 % der Kapazität verbleibt somit extern.

Der Maschinenbedarf bei den 3 zu vergleichenden Ergebnissen einer Aufgliederung in Teilefamilien liegt zwischen 59 und 62. Das beste Ergebnis erzielte dabei WARD, gefolgt von QUISL und HEURISTIK. Hier zeigt sich der Nachteil der heuristischen Vorgehensweise. Bei der Heuristik orientierte sich der Fertigungsplaner an bestimmten Schwerpunkttechnologien. Für diese Technologien ergibt sich eine gute Trennschärfe der Kapazitäten zwischen den Teilefamilien, bei den anderen Technologien treten hingegen starke Streuungen auf, was dann zu dem erhöhten Maschinenbedarf führt. Die clusteranalytischen Lösungen streuen bzw. aggregieren gleichmäßiger. Überraschend ist, daß trotz einer höheren Maschinenanzahl bei QUISL und HEURISTIK, der Kapazitätsanteil in den teilautonomen Fertigungseinheiten geringer ist als bei WARD.

Beim Bearbeitungsgrad erkennt man, daß über 80 % aller Arbeitsgänge innerhalb der teilautonomen Fertigungseinheit durchführbar sind (vgl. Gütefaktoren), ca. 50 % der Teile können komplett bearbeitet werden, der Anteil der nicht zuordenbaren Teile (Ausgrenzungsgrad) liegt bei ca. 10 %, der Faktor "Inselwechsel" liegt über 2,0 (Vergleichswerte für den kompletten Datensatz: Anteil interner Arbeitsgänge: 93 %, Komplettbearbeitung: 83 %, Ausgrenzungsanteil: 3 %, Inselwechsel: 0,9).

Das beste Ergebnis wird von HEURISTIK erzielt, gefolgt von QUISL und WARD, auch wenn alle Werte relativ nahe beieinander sind. Betrachtet man die Einzelergebnisse für jede Teilefamilie (vgl. Anhang), so stellt man bei den clusteranalytisch gefundenen Lösungen fest, daß es sehr unterschiedliche Teilefamilien gibt. Es gibt Teilefamilien mit hervorragenden Kennwerten und andere mit sehr schlechten Werten, daß kaum von einer Teilefamilie gesprochen werden dürfte.

Bei der heuristischen Lösung ist dies anders. Hier fehlen die ganz hervorragenden Werte (obwohl sie auch sehr gut sind), dafür gibt es auch keine extrem schlechten Werte. Die clusteranalytischen Verfahren sind also offensichtlich in der Lage, sehr homogene Teilefamilien aufzufinden (deutlich besser als mit der heuristischen Methode). Es verbleiben dann einige "Teilefamilien", die sehr inhomogen sind und somit weiter untersucht werden müssen. Die heuristische Lösung ist hier nivellierender.

Bei der Beurteilung der gleichmäßigen Größe der teilautonomen Fertigungseinheiten erbrachten die mit Abstand besten Ergebnisse bei der Untersuchung der Standardabweichungen QUISL und HEURISTIK. Hier liegt die Größe der Fertigungseinheiten zwischen 10 und 14 bzw. 9 und 17 Maschinen (vgl. Anhang). Anzahl Teile und Kapazitäten je Insel haben relativ geringe Streuungen. WARD liefert hier sehr unbefriedigende Werte. Die Anzahl der Maschinen in den Fertigungseinheiten liegt zwischen 6 und 25.

Bei der Beurteilung des Aufwandes für die Durchführung einer Teilefamilienbildung erkennt man deutlich die langen Rechenzeiten beim WARD-Verfahren, die einen CPU-Zeitverbrauch von ca. 8 Std. aufweisen. Das QUISL-Verfahren ist mit einer Rechenzeit von einer guten halben Stunde deutlich schneller. Bei dem HEURISTIK-Verfahren ist die Rechenzeit unbedeutend (hier wurden lediglich die Programme zur Erkundung des Datensatzes und zur heuristischen Gliederung verwendet, vgl. Kap. 4.3), dafür schlägt aber die manuelle Bearbeitungszeit stark zu Buche.

Insgesamt muß festgestellt werden, daß keines der drei Verfahren gegenüber den anderen eine deutlich bessere Qualität der Teilefamiliengliederung liefert. Obwohl es offensichtlich unterschiedliche Stärken gibt, sind alle Verfahren als gleichwertig zu betrachten. Der Vorzug für ein Verfahren richtet sich daher im wesentlichen nach dem erwarteten Aufwand.

QUISL ist hier WARD überlegen aufgrund der Rechenzeiten. Mit WARD lassen sich in der Regel keine größeren Datensätze bearbeiten als 1500 Teile, wie der hier vorgestellte Demonstrationsdatensatz. Gegenüber der HEURISTIK ist QUISL überlegen, da nur ein geringer manueller Aufwand notwendig ist, um bereits einen Teilefamilien-Vorschlag zu erhalten. Wird der manuelle Aufwand des heuristischen Verfahrens für die ausschließende Verbesserung des Teilefamilien-Vorschlages eingesetzt, so wird insgesamt eine deutlich bessere Qualität des Ergebnisses erreicht.

Darüberhinaus darf nicht vergessen werden, daß das Programm QUISL nur ein Teil des hier entwickelten Teilefamilienbildungsverfahrens darstellt. Ein genauso wichtiger Schritt ist die Modifikation der Arbeitspläne in Richtung einer gruppentechnologischen Struktur. Hierzu ist von anderen Teilefamilienbildungsverfahren bisher in keiner Form systematische Unterstützung angeboten worden.

7 Zusammenfassung und Ausblick

Gegenstand dieser Arbeit war die Entwicklung und der Einsatz eines strukturierenden Teilefamilienbildungsverfahrens. Das Verfahren gliedert das gesamte Teilespektrum eines Unternehmens und ordnet diesem Produktionsmittel zu. Auf diese Weise wird der Fertigung eine Struktur gegeben, die aus teilautonomen Fertigungseinheiten besteht.

Das Verfahren ist durch folgende Eigenschaften gekennzeichnet:

o   Es werden im wesentlichen die Arbeitspläne des Unternehmens analysiert.

o   Flexible Anpaßbarkeit des Verfahrens an den unterschiedlichen Aufbau verschiedener Datenbestände.

o   Statistische Analysen unterschiedlicher Datenfelder zur Vorgliederung des Datenbestandes.

o   Einsatz der Clusteranalyse zur Generierung eines Teilefamilienbildungs-Vorschlags.

o   Bewertung des Teilefamilienbildungs-Vorschlags und iterative Verbesserung der Teilefamilien und der zugeordneten teilautonomen Fertigungseinheiten.

o   Eingriff des Fertigungsplaners vor Ort an verschiedenen Verfahrensabschnitten und Nutzung seines Erfahrungswissens.

o   Möglichkeit zur Umplanung einzelner Arbeitsgänge der Teile mit dem Ziel einer Bildung von homogenen Teilefamilien und der Einpassung der Teile in ihre Teilefamilie.

Mit dem Einsatz der Teilefamilienbildungsverfahrens konnte nachgewiesen werden, daß aus den Teilefamilien eine Struktur für die Fertigung abgeleitet werden kann, die neben teilautonomen Fertigungseinheiten auch andere Strukturalternativen ermöglicht. Die Entscheidung für eine Strukturalternative hängt von den spezifischen wirtschaftlichen Randbedingungen des untersuchten Falles ab. Darüber hinaus konnten Anforderungen formuliert werden für einen effektiven Betrieb einer Fertigung nach dem Prinzip der teilautonomen Einheiten:

o Die Arbeitspläne spiegeln die augenblickliche Fertigungssituation wieder. Zur Umstellung vom Prinzip Werkstattfertigung auf das Prinzip der teilautonomen Fertigungseinheiten müssen zahlreiche Arbeitsgänge geändert werden.

o Aufgrund der Aufteilung von Kapazitäten kommt es tendenziell bei teilautonomen Fertigungseinheiten zu einem Mehrbedarf an Maschinen. Dieser muß durch andere Vorteile bei den teilautonomen Fertigungseinheiten ausgeglichen werden.

o Das Ziel der Komplettbearbeitung ist in der Praxis sehr selten erreichbar. Daraufhin wurde das Konzept der Komplettverantwortung entwickelt: Jedes Teil wird eindeutig einem Verantwortungsbereich zugeordnet, der terminlich für alle Arbeitsgänge verantwortlich ist, selbst wenn einzelne Arbeitsgänge außerhalb der teilautonomen Fertigungseinheit durchgeführt werden.

o Zur Unterstützung der Auftragsabwicklung in teilautonomen Fertigungseinheiten ist ein PPS-System notwendig, das die Feinplanung und -steuerung vor Ort unabhängig von einem Zentralsystem ermöglicht. Zur Erhaltung der vollen Flexibilität müssen diese Vor-Ort-Einheiten miteinander kommunizieren können.

Trotz der erfolgreichen Arbeit mit dem strukturierenden Teilefamilienbildungsverfahren verbleiben eine Reihe von Fragen, die noch einer intensiven Bearbeitung bedürfen:

o Die bisherige Analyse bezieht sich lediglich auf das Einzelteil. Betrachtet man auch Schweiß- und Montagevorgänge, entsteht das Problem der Mehrstufigkeit, d.h. das Teilefamilien- bzw. Produktfamilien-Bildungsverfahren hat auch die Stücklistenstruktur zu analysieren (vgl. das Beispiel bei Auch /9/).

o Teilautonome Fertigungseinheiten sind kein Selbstzweck. Unterschiedliche Planungsalternativen sind zu entwickeln und zu vergleichen. Die vorgestellten Techniken der Alternativenbildung sind zu verfeinern (alternativenbildende Prinzipien).

o Gleiches gilt für die Fragen der Bewertung. Insbesondere die Wirkungen von Durchlaufzeitreduzierung, Wechsel von Verantwortungsbereichen beim Auftragsdurchlauf und die Frage der Flexibilität sind zu quantifizieren und in eine Bewertungssystematik einzubringen (vgl. Bullinger, Auch /20/).

o Die Frage der technologischen Integration ist näher zu beleuchten. Arbeitsgänge, die bisher auf zwei Maschinen durchgeführt wurden, sind u.U. in einer Maschine möglich (z.B. das Drehen und anschließend Bohren eines Querloches). Hier fehlt ebenfalls eine Systematik.

o Schließlich sind die Einflüsse auf die Investitionspolitik des Unternehmens zu systematisieren. Setzt man auf große leistungsfähige Maschinen und der Zusammenlegung von Kapazitäten, um die Synergie-Effekte zu nutzen, oder auf kleine und universelle Einheiten bei teilautonomen Fertigungseinheiten, um schneller reagieren zu können.

o Alle Ausarbeitungen und Ergebnisse müssen einfließen in die Entscheidungsvorbereitung für die Geschäftsleitung. Auch hier sind Methodiken und Darstellungsformen zu entwickeln, die gerade das Spannungsfeld zwischen Maschinenauslastung und Durchlaufzeiten aufzeigen helfen.

o   Eine strukturierende Teilefamilienbildung ist in der Regel ein einmaliger Akt. Dieser muß übergehen in eine kontinuierliche Fortführung der Zuordnung von Teilen zu Familien.

Ingesamt kann gesagt werden, daß das entwickelte Teilefamilienbildungsverfahren im Vergleich zu den bisher bekannten Verfahren in wesentlich kürzerer Zeit einen Teilefamiliengliederungsvorschlag erzeugt. Aufgrund des schnellen Algorithmus werden praktische Problemstellungen mit großen Datenmengen häufig erst bearbeitbar. Die Zeit des Fertigungsplaners wird stärker auf die Optimierung des Gliederungsvorschlags und die konzeptionelle Gestaltung von teilautonomen Fertigungseinheiten konzentriert. Die systematische Umstellung einer Fertigung in Richtung des gruppentechnologischen Konzeptes wird durch das Teilefamilienbildungsverfahren unterstützt.

Literaturverzeichnis

/1/ Ahlmann, H.-J.: Fertigungsinseln - eine alternative Produktionsstruktur. Werkstatt und Betrieb 113 (1980) Nr. 10, S. 641 - 648

/2/ Ammer, E.-D.: Rechnerunterstützte Planung von Montageablaufstrukturen für Erzeugnisse der Serienfertigung. Berlin, Heidelberg: Springer-Verlag, 1985

/3/ Arn, A.: Group Technology. An Integrated Planning an Implementation Concept for Small and Medium Batch Production. Berlin, Heidelberg, New York: Springer Verlag, 1975

/4/ Askin, R.G.; Subramanian, S.P.: A cost-based heuristic for group technology configuration. International Journal of Production Research 25 (1987) No. 1, pp. 101 - 113

/5/ Auch, M.: Menschengerechte Arbeitsplätze sind wirtschaftlich. Wirtschaftlichkeitsvergleich und Arbeitssystemwertermittlung - ein erweitertes Bewertungsverfahren. RKW: Bonn, Eschborn, 1985

/6/ Auch, M.: The Application of Multidimensional Scaling for Recognising Similarities and Production Planning. In: Bullinger, H.-J.; Warnecke, H.J. (Edts.): Toward the Factory of the Future. Proceedings of the 8th International Conference on Production Research. Berlin, Heidelberg, New York; Springer Verlag, 1985, pp. 843 - 848

/7/ Auch, M.: Planung und Einführung von Fertigungsinseln. Productec '87. Flexible Fertigungsinseln. Internationale Tagung 25. und 26. Juni 1987. Bern: Technische Rundschau, 1987

/8/ Auch, M.: Auswirkungen von Fertigungsinseln auf das PPS-System. In: AWF (Hrsg.): Kongreß PPS '87. Eschborn, 1987

/9/ Auch, M.: Autonome Fertigungseinheiten in der Fabrik. Erste Ergebnisse aus dem Verbundprojekt "Integrierte Fertigung von Teilefamilien". In: AWF (Hrsg.): Fertigungsinseln - Fertigungsstruktur mit Zukunft. Fachtagung. Eschborn, 1987

/10/ Auch, M.: Planung von hybriden Arbeitssystemen. Technikorientierung versus Ablauforientierung. wt-Werkstattstechnik, Zeitschrift für industrielle Fertigung 78 (1988), Nr. 4, S. 237 - 241

/11/ Auch, M.; Bullinger, H.-J.; Seidel, U.A.; Stockert, R.: Mehr Verantwortung für die Mitarbeiter. Fertigungszellen organisieren mit flexiblem Konzept vermindert die Gesamtkosten. Maschinenmarkt 91 (1985) Nr. 69, S. 1290 - 1292

/12/ Auch, M.; Hallwachs, U.; Schaal, H.: Höhere Lieferbereitschaft durch kürzere Durchlaufzeiten. Gestaltung der Fabrik nach dem Fertigungsinsel-Prinzip. FhG-Berichte (1988) Nr. 2, S. 71-76

/13/ AWF (Hrsg.): Flexible Fertigungsorganisation am Beispiel von Fertigungsinseln. Eschborn, 1984

/14/ AWF (Hrsg.): Fertigungsinseln - Fertigungsstruktur mit Zukunft. Fachtagung. Eschborn, 1987

/15/ Bachmann, G.: Anwendung der Teilefamilienfertigung in einem Produktionsbereich. TZ für Metallbearbeitung 74 (1980) Nr. 7, S. 11 - 18

/16/ Beckendorff, U.; Timm, H.E.: Rüstzeitverkürzung durch spannmittelbezogene Teilefamilienbildung. In: AWF (Hrsg): Rüstzeitverkürzung. Methodisches Vorgehen. Praktische Lösungen. Fachtagung. Eschborn, 1987

/17/ Bock, H.H.: Automatische Klassifikation. Theoretische und praktische Methoden zur Gruppierung und Strukturierung von Daten (Cluster-Analyse). Göttingen: Vandenhoeck & Ruprecht, 1974

/18/ Bullinger, H.-J.: Arbeitsgestaltung in einer flexiblen betrieblichen Organisation. Euromanagement. 1. Europäischer Kongreß über technische Betriebsführung. Stuttgart 24. - 25. Sept. 1986

/19/ Bullinger, H.-J.; Auch, M.: Classifying Workplace Demands with the Aid of Multidimensional Scaling. In: Karwowski, W. (Edt.): Trends in Ergonomics/Human Factors III. 2 volumes. Part A, pp. 89 - 97. Amsterdam, New York: North-Holland, 1986

/20/ Bullinger, H.-J.; Auch, M.: Bewertung von zukunftsorientierten Fertigungssystemen. Operationalisierung schwer quantifizierbarer Kriterien am Beispiel einer Autospiegelfertigung. wt-Werkstattstechnik. Zeitschrift für industrielle Fertigung 78 (1988) Nr. 11, S. 631 - 636

/21/ Burbidge, J.L.: Production flow analysis. The Production Engineer 42 (1963) No. 12, pp. 742 - 752

/22/ Burbidge, J.L.: Production Flow Analysis. The Production Engineer 50 (1971) No 4/5, pp. 139 - 152

/23/ Burbidge, J.L.: Production Flow Analysis on the Computer. Third Annual Conference of the Institution of Production Engineers. Group Technology Division. Sheffield, 1973

/24/ Burbidge, J.L.: The Introduction of Group Technology. London: Heinemann, 1975

/25/ Burkhardt, M.: Beitrag zur Ermittlung ablauforientierter Fertigungsstrukturen in der Einzel- und Kleinserienfertigung. Dissertation. Dortmund, 1984

/26/ Bußmann, J.; Freist, Chr.; Hesselmann, U.; Schunke, A.: Einsatz der Clusteranalyse zur Investitionsplanung und Fertigungsrationalisierung. Zeitschrift für wirtschaftliche Fertigung 80 (1985) Nr. 2, S. 67 - 71

/27/ Chandrasekharan, M. P.; Rajagopalan, R.: An ideal seed non-hierarchical clustering algorithm for cellular manufacturing. International Journal of Production Research 24 (1986) No. 2, pp. 451 - 464

/28/ Chandrasekharan, M.P.; Rajagopalan, R.: MODROC: an extension of rank order clustering for group technology. International Journal of Production Research 24 (1986) No. 5, pp. 1221 - 1233

/29/ Dähnert, H.; Brechbühl, R.: NC-Technik mit Gruppentechnologie. Was gehört zum wirtschaftlichen Einsatz? Management-Zeitschrift Industrielle Organisation 49 (1980) Nr. 9, S. 439 - 445

/30/ Dangelmaier, W.: Algorithmen und Verfahren zur Erstellung innerbetrieblicher Anordnungspläne. Berlin, Heidelberg: Springer-Verlag, 1986

/31/ Dey, H.J.; Möller, B.: Fertigungszelle, Fertigungsinsel, Fertigungssystem - Konzepte einer flexiblen Fertigung. Werkstatt und Betrieb 117 (1984) Nr. 8, S. 457 - 465

/32/ Dichtl, E.; Schobert, R.: Mehrdimensionale Skalierung. Methodische Grundlagen und betriebswirtschaftliche Anwendungen. München: Verlag Franz Vahlen, 1979

/33/ Dutta, S.P.; Lashkari, R.S.; Nadoli, G.; Ravi, I.: A heuristic procedure for determining manufacturing Families from design-based grouping for flexible manufacturing systems. Computers and Industrial Engineering 10 (1986) No. 3, pp. 193 - 201

/34/ Eckes, Th.; Roßbach, H.: Clusteranalysen. Stuttgart: Kohlhammer Verlag, 1980

/35/ Ehrlich, H.; Freist, Chr.: Rechnergestützte und statistische Arbeitsplanung als Gesamtsystem. VDI-Zeitschrift 127 (1985) Nr. 8, S. 301 - 307

/36/ Enscore, E.E. Jr.; Knott, K.; Niebel, B.W.: Cluster analysis - an alternative to statistical distributions for determining slotting schemes used in determining indirect workstandards. Computers and Industrial Engineering 12 (1987) No. 1, pp. 1 - 7

/37/ Eversheim, W.: Werkstücksystematik. In: Handbuch der Fertigungstechnik. Band 3/1: Spanen. Hrsg.: G. Spur, Th. Stöferle. München, Wien: Carl Hanser Verlag, 1979, S. 71 - 96

/38/ Flynn, B.B.; Jacobs, F.R.: A simulation comparison of group technology with traditional job shop manufacturing. International Journal of Production Research 24 (1986) No. 5, pp. 1171 - 1192

/39/ Freist, Ch.: Einsatzmöglichkeiten statistischer Verfahren in CAD/CAM Systemen. Düsseldorf: VDI-Verlag 1985

/40/ Freist, Ch.; Granow, R.: Ähnlichteilsuche mit Hilfe der Clusteranalyse. Teil 1: Grundlagen. VDI-Zeitschrift 124 (1982) Nr. 11, S. 413 - 421

/41/ Freist, Ch.; Granow, R.: Ähnlichteilsuche mit Hilfe der Clusteranalyse. Teil 2: Das System CLASSIC. VDI Zeitschrift 124 (1982) Nr. 13, S. 487 - 495

/42/ Gauderon, E.: Fertigen mit einer autonomen Fertigungsinsel. VDI-Zeitschrift 126 (1984) Nr. 5, S. 133 - 135

/43/ Granow, R.: Strukturanalyse von Werkstückspektren. Planungshilfsmittel beim Aufbau flexibel automatisierter Fertigungen. Düsseldorf: VDI-Verlag, 1984

/44/ Güttler, E.: Entwicklung und Anwendung eines Klassifikationsverfahrens für Gruppen anforderungsähnlicher Arbeitsplätze. Aachen: Verlag Josef Stippak, 1978

/45/ Hachtel, G.; Fuchs, R.-M.: EDV-gestützte Fertigungsstrukturierung. Zur Umsetzung strategischer Konzepte. Arbeitsvorbereitung 24 (1987) Nr. 5, S. 157 - 160

/46/ Hahn, R.; Kunerth, W.; Roschmann, K.: Die Teileklassifizierung. Systematik und Anwendung im Rahmen der betrieblichen Nummerung. Handbuch der Rationalisierung. Heidelberg: Industrie-Verlag, 1970

/47/ Ham, I.; Hitomi, K.; Yoshida, T.: Group Technology. Applications to Production Management. Boston: Kluwer-Nijhoff Publishing, 1985

/48/ Han, Ch.; Ham, I.: Multiobjective cluster analysis for part family formations. Journal of Manufacturing Systems 5 (1986) No. 4, pp. 223 - 230

/49/ Hartigan, J.A.: Clustering Algorithms. New York: John Wiley & Sons, 1975

/50/ Heinz, K.; Burkhardt, M.: Analyse des Fertigungsprogramms - Basis einer Neustrukturierung der Fertigung. VDI-Zeitschrift 125 (1983) Nr. 21, S. 903 - 908

/51/ Heinz, K.; Burkhardt, M.: Partialablaufgruppen - ein Konzept zur ablauforientierten Strukturierung der Einzel- und Kleinserienfertigung. VDI-Zeitschrift 127 (1985) Nr. 18, S. 733 - 739

/52/ Herzog, H.-H.: Ein Konzept für die Einzel- und Kleinserienfertigung. Technische Rundschau 78 (1986) Nr. 34, S. 23 - 25

/53/ Hummel, R.: Bestände unter Kontrolle durch autonome Fertigungsinsel. Bestände senken und Durchlaufzeiten minimieren. Frankfurt: Maschinenbau-Verlag, 1986

/54/ Jambu, M.; Lebeaux, M.-O.: Cluster Analysis and Data Analysis. Amsterdam, New York: North-Holland, 1983

/55/ Kälberer, G.: Untersuchung eines Produktspektrums mit Hilfe der Cluster-Analyse. Zeitschrift für Operations Research 21 (1977) Nr. 2, S. B143 - B158

/56/ Kälberer, G.: Automatische Klassifizierung von Arbeitsplätzen mit Hilfe der Cluster-Analyse. Zeitschrift für wirtschaftliche Fertigung 75 (1980) Nr. 3, S. 109 - 112

/57/ Kälberer, G.: Automatische Werkstückklassifizierung mit der Cluster-Analyse. Werkstatt und Betrieb 113 (1980) Nr. 5, S. 327 - 330

/58/ King, J.R.: Machine-Component Group Formation in Group Technology. Omega 8 (1980) No. 2, pp. 193 - 199

/59/ King, J.R.: Machine-component grouping in production flow analysis: an approach using a rank order clustering algorithm. International Journal of Production Research 18 (1980) No. 2, pp. 213 - 232

/60/ King, J.R.; Nakornchai, V.: Machine-component group formation in group technology: review and extension. International Journal of Production Research 20 (1982) Nr. 2, S. 117 - 133

/61/ Kreimeier, D.: Planungshilfsmittel für die Disposition in teilautonomen Arbeitsgruppen. Technische Rundschau 78 (1986) Nr. 43, S. 29 - 33

/62/ Kusiak, A.: Analysis of integer programming formulations of clustering problems. Image and Vision Computing 2 (1984) No. 1, pp. 35 - 40

/63/ Kusiak, A.: The part families problem in flexible manufacturing systems. Annals of Operation Reserach 3 (1985), pp. 270 - 300

/64/ Kusiak, A.; Chow, W.S.: Interaktive grouping of machines and parts. Working paper no. 07/86. University of Manitoba. Department of Mechanical Engineering. Winnipeg, 1986

/65/ **Kusiak, A.; Chow, W.S.:** Efficient Solving of the Group Technology Problem. Journal of Manufacturing Systems 6 (1987) No. 2, pp. 117 - 124

/66/ **Kusiak, A.; Vannelli, A.; Kumar, K.R.:** Grouping problem in scheduling flexible manufacturing systems. Robotica 3 (1985), pp. 245 - 252

/67/ **Lay, G.:** Flexible Fertigungsinseln. Wege aus der Sackgasse der Arbeitsteilung. Technische Rundschau 78 (1986) Nr. 34, S. 12 - 17

/68/ **Lueg, H.:** Systematische Fertigungsplanung. Systematik zur Erfassung und Verarbeitung komplexer Fertigungsabläufe. Würzburg: Vogel-Verlag, 1975

/69/ **Lutz, W.:** Entwicklung einer fertigungsbeschreibenden Systemordnung für das Drehen von Einzelteilen und Kleinserien. Dissertation. Stuttgart 1967

/70/ Management-Enzyklopädie. Das Managementwissen unserer Zeit. 10 Bände. Landsberg: Verlag Moderne Industrie, 2. Auflage, 1984

/71/ **Maßberg, W.:** Flexible autonome Fertigungsinseln - eine Antwort auf veränderte Marktbedingungen. Systems 85. Branchenseminar Industrie, 28.10 - 01.11.85. Bundesverband der Deutschen Industrie, München, 1985

/72/ **McAuley, J.:** Machine grouping for efficient production. Production Engineer 51 (1972) No. 2, pp. 53 - 57

/73/ **Michaelis, D.:** Rechnerunterstützte Werkstückanalyse zur Auslegung von Fertigungsmitteln. HGF-Kurzbericht 82/75. Industrie Anzeiger 104 (1982) Nr. 83, S. 40 - 41

/74/ **Millar, G.W.:** Think group technology - before systems integration. Manufacturing Engineering 95 (1985) No. 5, pp. 75 - 76

/75/ **Mitrofanow, S.P.:** Wissenschaftliche Grundlagen der Gruppentechnologie. Berlin: VEB Verlag Technik, 1960

/76/ **Moll, W.-P.:** Maschinenbelegung mit EDV. Würzburg: Vogel-Verlag, 1975

/78/ **Oba, F.; Kato, K.; Yasuda, K.; Tsumura, T.:** CAFPLAN-I: Computer Aided Factory Planning System-I. In: Bullinger, H.-J.; Warnecke, H.J. (Edts.): Toward the Factory of the Future. Proceedings of the 8th International Conference on Production Research. Berlin, Heidelberg, New York; Springer Verlag, 1985, pp. 395 - 400

/79/ **Opitz, H.:** Werkstücksystematik und Teilefamilienfertigung. VDI-Zeitschrift 106 (1964) Nr. 26, S. 1268 - 1278

/80/ Opitz, H.: Werkstückbeschreibendes Klassifizierungssystem. Essen: Girardet, 1966

/81/ Opitz, H.: Werkstückbeschreibendes Klassifizierungssystem. Verschlüsselungsrichtlinien. Anwendungen des Klassifizierungssystems. Essen: Girardet, 1968

/82/ Opitz, O.: Numerische Taxonomie. Stuttgart: Gustav Fischer Verlag, 1980

/83/ Osman, M.: Untersuchung von Verfahren der Reihenfolgeplanung und ihre Anwendung bei Fertigungszellen. Berlin, Heidelberg: Springer-Verlag 1982

/84/ Pirktl, L.: Probleme und Algorithmen der Clusteranalyse unter besonderer Berücksichtigung der Anwendung auf die landwirtschaftliche Typisierung. Dissertation. Zürich, 1983

/85/ Posner, M.E.: A sequencing problem with release dates and clustered jobs. Management Science 32 (1986) No. 6, pp. 731 - 738

/86/ Rabus, G.: Typologie zum überbetrieblichen Vergleich von Fertigungssteuerungsverfahren im Maschinenbau. Berlin, Heidelberg: Springer-Verlag, 1980

/87/ Rajagopalan, R.; Batra, J.L.: Design of cellular production systems. A graph-theoretic approach. International Journal of Production Research 13 (1975) Nr. 6, S. 567 - 579

/88/ REFA (Hrsg.): Methodenlehre der Planung und Steuerung. 5 Teile. München: Carl Hanser, 4. Auflage, 1985

/89/ Robinson, D.; Duckstein, L.: Polyhedral dynamics as a tool for machine-part group formation. International Journal of Production Research 24 (1986) No. 5, pp. 1255 - 1266

/90/ Saak, V.: Ein Simulationsmodell zur Planung gruppentechnologischer Fertigungszellen. Berlin, Heidelberg: Springer-Verlag 1982

/91/ Schad, G.: Entwicklung und Einsatz eines interaktiven Verfahrens zur Leistungsabstimmung von Montagesystemen. Berlin, Heidelberg: Springer-Verlag, 1986

/92/ Schader, M.: Anordnung und Klassifikation von Objekten bei qualitativen Merkmalen. Meisenheim/Glan: Anton Hain Verlag, 1978

/93/ Schaller, K.: Das System ANCA zur Clusteranalyse - Ein Beitrag zur Integration multivariater Verfahren in eine Methodenbank. Dissertation. Nürnberg 1979

/94/ Scheer, A.-W.; Ruffing, T.: Einbindung von Fertigungsinseln in das betriebliche PPS-System. Produtec '87. Flexible Fertigungsinseln. Internationale Tagung 25. und 26. Juni 87. Bern: Technische Rundschau, 1987

/95/ Schiffmann, S.S.; Reynolds, M.L.; Young, F.W.: Introduction to Multidimensional Scaling. Theory, Methods and Applications. New York, London: Academic Press, 1981

/96/ Schilde, J.: Ermittlung und Bewertung von Rationalisierungsmaßnahmen im Produktionsbereich. Ein Beitrag zur rationellen Produktionsplanung. Berlin, Heidelberg: Springer Verlag, 1982

/97/ Schubö, W.; Uehlinger, H.-M.: SPSS^x Handbuch der Programmversion 2.2: Autorisierte deutsche Bearbeitung des SPSS^x User's Guide. Stuttgart: Gustav Fischer, 1986

/98/ Schuchard-Ficher, Chr.; Backhaus, K.; Humme, U.; Lohrberg, W.; Plinke, W.; Schreiner, W.: Multivariate Analysemethoden. Eine anwendungsorientierte Einführung. Berlin, Heidelberg, New York: Springer-Verlag, 1980

/99/ Scoltock, J.; Gallagher, C.C.: The Limitations of the Application of Cluster Analysis to Manufacturing Industrie. Proceedings of the 6th International Conference on Production Research. Edited by D.M. Zelenovic. Novi Sad, Yugoslavia, August 24 - 29, 1981, Vol. 1, p. 217 - 220

/100/ Späth, H.: Cluster-Analyse-Algorithmen zur Objektklassifizierung und Datenreduktion. München, Wien: Oldenbourg Verlag, 2. Auflage, 1977

/101/ Specht, D.: Ermittlung von Fertigungstrukturen in Maschinenbaubetrieben durch Faktoren- und Clusteranalyse. München, Wien: Hanser-Verlag, 1983

/102/ Specht, D.: Strukturuntersuchungen in der Fertigung mit Hilfe der Faktorenanalyse. HGF-Kurzbericht 84/19. Industrie Anzeiger 106 (1984) Nr. 22, S. 48 - 49

/103/ Speith, G.: Vorgehensweise zur Beurteilung und Auswahl von Produktionsplanungs- und -steuerungssystemen für Betriebe des Maschinenbaus. Dissertation. Aachen 1982

/104/ Stanfel, L.E.: Machine clustering for economic production. Engineering Costs and Production Economics 9 (1985), pp. 73 - 81

/105/ Steinhausen, D.; Langer, K.: Clusteranalyse. Einführung in Methoden und Verfahren der automatischen Klassifikation. Berlin: Walter de Gruyter, 1977

/106/ Tönshoff, H.K.; Bußmann, J.; Granow, R.: Datenerfassung für die Ähnlichteilplanung - Vergleich von Klassifizierung und Werkstückbeschreibung. Zeitschrift für wirtschaftliche Fertigung 76 (1981) Nr. 7, S. 321 - 326

/107/ Tuffentsammer, K.: Gruppentechnologie unter dem Aspekt zunehmender NC-Bearbeitung. Werkstattstechnik-Zeitschrift für industrielle Fertigung 73 (1983) Nr. 5, S. 305 - 310

/108/ Tuffentsammer, K.: Die automatisierten Fertigungssysteme. Ein Vergleich der deutschen und englischen Terminologie und Kurzbezeichnungen automatisierter Fertigungssysteme. TZ für Metallbearbeitung 79 (1985) Nr. 8, S. 48 - 52

/109/ Vannelli, A.; Kumar, K.R.: A method for finding minimal bottle-neck cells for grouping part-machine families. International Journal of Production Research 23 (1986) No. 2, pp. 387 - 400

/110/ Vettin, G.; Weber, Th.: Neustrukturierung einer Präzisionswerkzeug-Fertigung. Auslegung und Bewertung des Gesamtkonzeptes. VDI-Zeitschrift 124 (1982) Nr. 18, S. 685 - 692

/111/ Vogel, F.: Probleme und Verfahren der numerischen Klassifikation. Göttingen: Vandenhoeck & Ruprecht, 1975

/112/ Waghodekar, P.H.; Sahu, S.: Machine-component cellformation in group technology: MACE. International Journal of Production Research 22 (1984) No. 6, pp. 937 - 948

/113/ Warnecke, H.J; Osman, M.; Weber, G.: Gruppentechnologie. Einsatzbreite, Verfahren und betriebsorganisatorische Anpassung. Fortschrittliche Betriebsführung und Industrial Engineering 29 (1980) Nr. 1, S. 5 - 12

/114/ Warnecke, H.J.; Steinhilper, R.; Schütz, W.: Flexible automatisierte Teilefertigung in mittelständischen Unternehmen. VDI-Zeitschrift 124 (1982) Nr. 17, S. 611 - 619

/115/ Weber, G.: Teilefamilien - Fertigungskonzepte zur Produktionsablaufstrukturierung. In: Materialfluß als Rationalisierungsschwerpunkt, 13. Arbeitstagung des IPA, Böblingen, 20.-21. Mai 1981 (Vortragsband)

/116/ Weber, G.: Gestaltung eines integrierten Produktionssystems für die Sortenfertigung unter Einsatz der Clusteranalyse. Berlin, Heidelberg: Springer-Verlag 1983

/117/ Weber, Th.; Zipse, Th.: Flexible Blechteilefertigung methodisch geplant. VDI-Zeitschrift 126 (1984) Nr. 12, S. 441 - 449

/118/ **Wilhelm, K.-G.:** System zur Planung des Umlaufbestandes in Betrieben mit Serienfertigung. Berlin, Heidelberg: Springer-Verlag, 1980

/119/ **Witte, J. de:** The Use of Similarity Coefficients in Production Flow Analysis. 5th International Conference on Production Research, 1979, pp. 36 - 39

/120/ **Wolf, M.:** Klassifizierung - ein Hilfsmittel zum Aufbau von Fertigungszellen. TZ für Metallbearbeitung 72 (1978) Nr. 6, S. 11 - 16

/121/ **Wolf, M.:** Fertigungszellen. Ein Beitrag zu ihrer Planung und Steuerung. Stuttgart: Verlag Günter Grossmann, 1979

/122/ **Zimmermann, G.:** Typenbildung mit Methoden der Clusteranalyse. Fortschrittliche Betriebsführung und Industrial Engineering 26 (1977) Nr. 6, S. 381 - 389

9 <u>Anhang</u>

Ausgangsdaten zum Leistungsvergleich

Tabelle WARD

	Daten-satz	GR - 1	GR - 2	GR - 3	GR - 4	GR - 5	Summe	Mittel-wert	Standard-abweich.
1 Anzahl Teile	1.405	519	306	177	171	232	1.405	281	144
2 Prozent	100	37	22	13	12	16	100	20	10
3 Anzahl ausgewaehlter Maschinen	50	14	20	10	9	6	59	11,8	5,4
4 Kapazitaet Gesamt	103.985	28.006	38.308	15.177	12.983	9.511	103.985	20.797	12.027
5 Kapazitaet auf ausgewaehlten Maschinen	93.242	20.698	32.836	14.591	12.142	6.716	86.983	16.656	9.985
6 Kapaz. auf ausgew. Maschinen in Prozent	90	74	86	96	93	71	84	84	11
7 Maschinenauslastung in Prozent	93	74	82	73	67	56	74	70	10
8 Guetefaktor "Generell"	0,9337	0,7218	0,8636	0,9585	0,8985	0,6687	-	0,8222	0,1222
9 Guetefaktor "Durchschnitt"	0,9275	0,7522	0,8692	0,9607	0,8982	0,6703	-	0,8301	0,1171
10 Guetefaktor "Gewichtet"	0,9330	0,8338	0,8667	0,9869	0,8962	0,6728	-	0,8513	0,1149
11 Anzahl Komplettbearbeitung	882	125	103	123	0	0	351	70	65
12 Anzahl 1 Fremdarbeitsgang	288	102	82	31	149	9	373	75	56
13 Komplettbearbeitungs-Anteil in Prozent	83	44	60	87	87	4	51	56	35
14 Anz. weniger als 50% interne Arb.gaenge	16	44	0	0	0	24	68	14	20
15 Anz. zwischen 50 und 60% interne Arb.gaenge	33	63	3	0	1	40	107	21	29
16 Ausgrenzungsanteil in Prozent	3	20	1	0	1	28	12	10	13
17 Anzahl Transportvorgaenge	1.261	1.623	642	147	376	1.005	-	759	579
18 Guetefaktor "Inselwechsel"	0,9	3,1	2,1	0,8	2,2	4,3	-	2,5	1,3

Tabelle QUISL

	Datensatz	GR - 1	GR - 2	GR - 3	GR - 4	GR - 5	Summe	Mittelwert	Standardabweich.
1 Anzahl Teile	1.405	188	223	301	341	352	1.405	281	73
2 Prozent	100	13	16	22	24	25	100	20	5
3 Anzahl ausgewaehlter Maschinen	50	10	14	10	12	14	60	12,0	2,0
4 Kapazitaet Gesamt	103.985	16.604	24.046	19.112	18.215	26.008	103.985	20.797	4.025
5 Kapazitaet auf ausgewaehlten Maschinen	93.242	15.914	20.454	16.261	14.512	17.720	84.861	16.972	2.256
6 Kapaz. auf ausgew. Maschinen in Prozent	90	96	85	85	80	68	82	82	10
7 Maschinenauslastung in Prozent	93	80	73	81	60	63	71	71	10
8 Guetefaktor "Generell"	0,9337	0,9525	0,8904	0,8203	0,7843	0,6288	-	0,8153	0,1227
9 Guetefaktor "Durchschnitt"	0,9275	0,9550	0,8722	0,8248	0,8058	0,6471	-	0,8210	0,1130
10 Guetefaktor "Gewichtet"	0,9330	0,9765	0,9143	0,8762	0,8186	0,6713	-	0,8514	0,1159
11 Anzahl Komplettbearbeitung	882	125	83	0	49	48	305	61	46
12 Anzahl 1 Fremdarbeitsgang	288	33	68	168	54	43	366	73	55
13 Komplettbearbeitungs-Anteil in Prozent	83	84	68	56	30	29	48	53	24
14 Anzahl weniger als 50% interne Arb.gaenge	16	0	7	1	1	70	79	16	30
15 Anz. zwischen 50 und 60% interne Arb.gaenge	33	0	6	16	9	77	108	22	32
16 Ausgrenzungsanteil in Prozent	3	0	6	6	3	42	13	11	17
17 Anzahl Transportvorgaenge	1.261	165	352	908	1.332	1.025	-	756	485
18 Guetefaktor "Inselwechsel"	0,9	0,9	1,6	3,0	3,9	2,9	-	2,5	1,2

Tabelle HEURISTIK
================

	Daten-satz	GR - 1	GR - 2	GR - 3	GR - 4	GR - 5	Summe	Mittel-wert	Standard-abweich.
1 Anzahl Teile	1.405	273	229	229	336	338	1.405	281	54
2 Prozent	100	20	16	16	24	24	100	20	4
3 Anzahl ausgewaehlter Maschinen	50	11	17	9	11	14	62	12,4	3,1
4 Kapazitaet gesamt	103.985	19.658	28.069	14.805	16.896	24.567	103.985	20.797	5.466
5 Kapazitaet auf ausgewaehlten Maschinen	93.242	17.525	22.160	11.832	15.327	19.627	86.471	17.294	3.965
6 Kapaz. auf ausgew. Maschinen in Prozent	90	89	79	80	91	80	83	83	6
7 Maschinenauslastung in Prozent	93	80	65	66	70	70	70	70	6
8 Guetefaktor "Generell"	0.9337	0.8999	0.8671	0.8103	0.8804	0.7305	-	0.8376	0.1222
9 Guetefaktor "Durchschnitt"	0.9275	0.8857	0.8613	0.8281	0.8858	0.7382	-	0.8398	0.1171
10 Guetefaktor "Gewichtet"	0.9330	0.9556	0.8531	0.8711	0.9547	0.7842	-	0.8837	0.1149
11 Anzahl Komplettbearbeitung	882	133	80	54	166	45	478	96	52
12 Anzahl 1 Fremdarbeitsgang	288	57	66	51	28	59	261	52	15
13 Komplettbearbeitungs-Anteil in Prozent	83	70	64	46	58	31	53	54	16
14 Anzahl weniger als 50% interne Arb.gaenge	16	1	3	2	1	29	36	7	12
15 Anzahl zwischen 50 und 60% int. Arb.gaenge	33	12	11	2	3	37	65	13	14
16 Ausgrenzungs-Anteil in Prozent	3	5	6	2	1	20	7	7	8
17 Anzahl Transportvorgaenge	1.261	379	316	696	472	1.210	-	615	363
18 Guetefaktor "Inselwechsel"	0.9	1.4	1.4	3.0	1.4	3.6	-	2.2	1.1

IPA Forschung und Praxis

Schriftenreihe aus dem Institut für Produktionstechnik und Automatisierung, Stuttgart

Herausgeber: Prof. Dr.-Ing. H. J. Warnecke

Datenerfassung im Produktionsbereich
Von E. Bendeich. ISBN 3-7830-0117-8.
1977, 176 Seiten, kartoniert.   54,— DM

Methodenauswahl für die Materialbewirtschaftung in Maschinenbau-Betrieben
Von H. Graf. ISBN 3-7830-0136-6.
1977, 144 Seiten, kartoniert.   54,— DM

Systematische Auswahl von Förderhilfsmitteln für den innerbetrieblichen Materialfluß
Von W. Rau. ISBN 3-7830-0139-0.
1977, 103 Seiten, kartoniert.   40,— DM

Grundlagen zur Planung von Ersatzteilfertigungen
Von E. Schulz. ISBN 3-7830-0138-2.
1977, 98 Seiten, kartoniert.   40,— DM

Rechnerunterstützte Fabrikplanung
Von B. Minten. ISBN 3-7830-0116-1.
1977, 124 Seiten, kartoniert.   38,— DM

Eine Planungsmethode für automatische Montagesysteme
Von H.-G. Löhr. ISBN 3-7830-0120-X.
1977, 108 Seiten, kartoniert.   32,— DM

Planung und Bewertung von Arbeitssystemen in der Montage
Von H. Metzger. ISBN 3-7830-0131-5.
1977, 108 Seiten, kartoniert.   40,— DM

Klassifizierungssystem für Prüfmittel der industriellen Längenprüftechnik
Von R. Czetto. ISBN 3-7830-0144-7.
1978, 181 Seiten, kartoniert.   64,— DM

Rechnerunterstützte Montageplanung
Von O. Hirschbach. ISBN 3-7830-0149-8.
1978, 146 Seiten, kartoniert.   52,— DM

Rechnerunterstützte Entwicklung von Simulationsmodellen für Unternehmensplanspiele
Von A. Moker. ISBN 3-7830-0147-1.
1978, 181 Seiten, kartoniert.   64,— DM

Arbeitsplatzanalysen zur Ermittlung der Einsatzmöglichkeiten und Anforderungen an Industrieroboter
Von G. Herrmann. ISBN 37830-0151-X.
1978, 113 Seiten, kartoniert.   40,— DM

MFSP — Ein Verfahren zur Simulation komplexer Materialflußsysteme
Von G. Stemmer. ISBN 3-7830-0118-8.
1977, 108 Seiten, kartoniert.   60,— DM

Berührungslose Erkennung durch Positionsbestimmung von Objekten durch inkohärent-optische Korrelation
Von M. König. ISBN 3-7830-0137-4.
1977, 110 Seiten, kartoniert.   40,— DM

Auslegung von Störungspuffern in kapitalintensiven Fertigungslinien
Von R. v. Stetten. ISBN 3-7830-0140-4.
1977, 154 Seiten, kartoniert.   56,— DM

Flexible Transportablaufsteuerung
Von G. Römer. ISBN 3-7830-0114-5.
1977, 188 Seiten, kartoniert.   60,— DM

Rechnergestützte Realplanung von Fabrikanlagen
Von T.-K. Sauter. ISBN 3-7830-0119-6.
1977, 108 Seiten, kartoniert.   32,— DM

Systematisches Auswählen und Konzipieren von programmierbaren Handhabungsgeräten
Von R. D. Schraft. ISBN 3-7830-0115-3.
1977, 108 Seiten, kartoniert.   32,— DM

Auslandsproduktion
Von W. Cypris. ISBN 3-7830-0145-5.
1978, 126 Seiten, kartoniert.   42,— DM

Wirtschaftlicher Einsatz von Mehrkoordinatenmeßgeräten
Von M. Dietzsch. ISBN 3-7830-0148-X.
1978, 142 Seiten, kartoniert.   52,— DM

Fertigungssteuerung bei flexiblen Arbeitsstrukturen
Von K.-G. Lederer. ISBN 3-7830-0146-3.
1978, 128 Seiten, kartoniert.   42,— DM

Untersuchungen zum Polieren und Entgraten durch elektrochemisches Oberflächenabtragen
Von K. Zerweck. ISBN 3-7830-0150-1.
1978, 110 Seiten, kartoniert.   40,— DM

Stufenweise Ableitung eines praktischen Planungssystems für den Entwicklungsbereich
Von R. Hichert. ISBN 3-7830-0149-8.
1978, 151 Seiten, kartoniert. 52,— DM

Produktionsplanung mit Auftragsfamilien
Von U. W. Geitner. ISBN 3-7830-0161.7.
1979, 110 Seiten, kartoniert. 45,— DM

Thermisch-chemisches Entgraten
Von T. Wagner. ISBN 3-7830-0164-1.
1979, 111 Seiten, kartoniert. 45,— DM

Untersuchung der Materialflußkosten bei ausgewählten Systemen der Zentralen Arbeitsverteilung
Von R. Wenzel. ISBN 3-7830-0162-5.
1979, 168 Seiten, kartoniert. 86,— DM

Anpassung und Einführung eines Planungssystems für die Ablaufplanung im Konstruktionsbereich
Von W. Dangelmaier. ISBN 3-7830-0163-3.
1979, 168 Seiten, kartoniert. 80,— DM

Längenmessungen an bewegten Teilen mit berührungslos wirkenden Aufnehmern
Von H. Lang. ISBN 3-7830-0157-9.
1979, 89 Seiten, kartoniert. 42,— DM

Untersuchung multistabiler Strömungselemente und ihr Einsatz in sequentiellen Steuerungen
Von A. Ernst. ISBN 3-7830-0157-9.
1979, 122 Seiten, kartoniert. 48,— DM

Taktile Sensoren für programmierbare Handhabungsgeräte
Von M. Schweizer. ISBN 3-7830-0158-7.
1979, 91 Seiten, kartoniert. 42,— DM

Die rechnerunterstützte Prüfplanung
Von P. Blasing. ISBN 3-7830-0152-8.
1979, 100 Seiten, kartoniert. 44,— DM

Verfahren zur Fabrikplanung im Mensch-Rechner-Dialog am Bildschirm
Von W. Ernst. ISBN 3-7830-0156-0.
1979, 218 Seiten, kartoniert. 72,— DM

Rechnerunterstütztes Verfahren zur Leistungsabstimmung von Mehrmodell-Montagesystemen
Von M. Görke. ISBN 3-7830-0155-2.
1979, 139 Seiten, kartoniert. 50,— DM

Standortbezogene Betriebsmittel
Von G. Pflieger. ISBN 3-7830-0167-6.
1979, 127 Seiten, kartoniert. 52,— DM

Die betriebswirtschaftliche Beurteilung neuer Arbeitsformen
Von B.-H. Zippe. ISBN 3-7830-0168-4.
1979, 350 Seiten, kartoniert. 98,— DM

Untersuchung des Arbeitsverhaltens programmierbarer Handhabungsgeräte
Von B. Brodbeck. ISBN 3-7830-0169-2.
1979, 117 Seiten, kartoniert. 48,— DM

Untersuchung eines kohärent-optischen Verfahrens zur Rauheitsmessung
Von N. Rau. ISBN 3-7830-0174-9.
1979, 117 Seiten, kartoniert. 48,— DM

Entwicklung einer programmierbaren, pneumatischen Steuerung
Von D. Klemenz. ISBN 3-7830-0171-4.
1979, 93 Seiten, kartoniert. 42,— DM

IPA Forschung und Praxis

Berichte aus dem Fraunhofer-Institut für Produktionstechnik und Automatisierung, Stuttgart, und dem Institut für Industrielle Fertigung und Fabrikbetrieb der Universität Stuttgart

Herausgeber: Prof. Dr.-Ing. H. J. Warnecke

38 **Arbeitsgangterminierung mit variabel strukturierten Arbeitsplänen — Ein Beitrag zur Fertigungssteuerung flexibler Fertigungssysteme**
Von U. Maier. ISBN 3-540-10213-2.
1980, 111 Seiten mit 45 Abbildungen. 43,— DM

39 **Kapazitätsabgleich bei flexiblen Fertigungssystemen**
Von P. S. Nieß. ISBN 3-540-10372-4.
1980, 151 Seiten mit 57 Abbildungen. 48,— DM

40 **Schichtdickenverteilung auf galvanisierten Paßteilen am Beispiel kleiner abgesetzter Wellen und Bohrungen**
Von D. Wolfhard. ISBN 3-540-10373-2.
1980, 177 Seiten mit 83 Abbildungen. 48,— DM

41 **Planung von Mehrstellenarbeit unter Berücksichtigung von Umfeldaufgaben**
Von S. Haußermann. ISBN 3-540-10374-0.
1980, 136 Seiten mit 59 Abbildungen. 48,— DM

42 **Untersuchungen zur Schmierfilmdicke in Druckluftzylindern — Beurteilung der Abstreifwirkung und des Reibungsverhaltens von Pneumatikdichtungen mit Hilfe eines neu entwickelten Schmierfilmdicken-meßverfahrens**
Von R. Köhnlechner. ISBN 3-540-10375-9.
1980, 100 Seiten mit 38 Abbildungen und 4 Tabellen. 43,— DM

43 **Typologie zum überbetrieblichen Vergleich von Fertigungssteuerungsverfahren im Maschinenbau**
Von G. Rabus. ISBN 3-540-10376-7.
1980, 174 Seiten mit 88 Abbildungen und 21 Tafeln. 48,— DM

44 **System zur Planung des Umlaufbestandes in Betrieben mit Serienfertigung**
Von K.-G. Wilhelm. ISBN 3-540-10377-5.
1980, 142 Seiten mit 67 Abbildungen und 15 Tafeln. 48,— DM

45 **Rechnerunterstützte Arbeitsplanerstellung mit Kleinrechnern, dargestellt am Beispiel der Blechbearbeitung**
Von W. Hoheisel. ISBN 3-540-10505-0.
1981, 169 Seiten mit 74 Abbildungen. 48,— DM

46 **Beitrag zur Verbesserung der Wirtschaftlichkeit EDV-unterstützter Fertigungssteuerungssysteme durch Schwachstellenanalyse**
Von J. Lienert. ISBN 3-540-10506-9.
1981, 148 Seiten mit 37 Abbildungen. 48,— DM

47 **Die Abscheidung von Öl an Entlüftungsöffnungen drucklufttechnischer Anlagen**
Von W.-D. Kiessling. ISBN 3-540-10604-9.
1981, 117 Seiten mit 48 Abbildungen und 3 Tabellen. 43,— DM

48 **Dynamische Optimierung technisch-ökonomischer Systeme**
Von J. Warschat. ISBN 3-540-10717-7.
1981, 132 Seiten mit 60 Abbildungen. 43,— DM

49 **Bildsensor zur Mustererkennung und Positionsmessung bei programmierbaren Handhabungsgeräten**
Von H. Geißelmann. ISBN 3-540-10735-5.
1981, 125 Seiten mit 52 Abbildungen. 43,— DM

50 **Verfügbarkeitsberechnung für komplexe Fertigungseinrichtungen**
Von Ekkehard Gericke. ISBN 3-540-10779-7.
1981, 132 Seiten mit 71 Abbildungen. 43,— DM

51 **Materialflußgestaltung in Fertigungssystemen**
Von Willi Rößner. ISBN 3-540-10888-2.
1981, 149 Seiten mit 76 Abbildungen. 48,— DM

52 **Beitrag zur Analyse der Auswirkungen der Mikroelektronik, dargestellt am Beispiel der Büromaschinen-Industrie**
Von Werner Neubauer. ISBN 3-540-10991-9.
1981, 145 Seiten mit 27 Abbildungen und 47 Tabellen. 43,— DM

53 **Modelle von Informationssystemen zur kurzfristigen Fertigungssteuerung und ihre Gestaltung nach betriebsspezifischen Gesichtspunkten**
Von Roland Gentner. ISBN 3-540-10992-7.
1981, 181 Seiten mit 69 Abbildungen und 7 Tabellen. 48,— DM

54 **Entwicklung von Verfahren zur Terminplanung und -steuerung bei flexiblen Montagesystemen**
Von Jürgen H. Kölle. ISBN 3-540-11227-8.
1981, 132 Seiten mit 64 Abbildungen und 1 Faltplan. 43,— DM

55 **Arbeits- und Kapazitätsteilung in der Montage**
Von Stefan Dittmayer. ISBN 3-540-11228-6.
1981, 124 Seiten und 56 Abbildungen. 43,— DM

56 **Beitrag zur systematischen Planung der Qualitätsprüfung bei Klein- und Mittelserienfertigung**
Von Herbert Babic. ISBN 3-540-11325-8.
1982, 108 Seiten mit 38 Abbildungen und 7 Tabellen. 53,— DM

57 **Methode zur rechnerunterstützten Einsatzplanung von programmierbaren Handhabungsgeräten**
Von Uwe Schmidt-Streier. ISBN 3-540-11355-X.
1982, 188 Seiten mit 72 Abbildungen. 53,— DM

58 **Werkstoff- und Energiekennwerte industrieller Lackieranlagen, am Beispiel der Automobilindustrie**
Von Rainer Manfred Thiel. ISBN 3-540-11356-8.
1982, 116 Seiten mit 59 Abbildungen. 53,— DM

59 **Maßnahmen zum Verbessern der pneumatischen Lackzerstäubung – Teilchengrößenbestimmung im Spritzstrahl –**
Von Klaus Werner Thomer. ISBN 3-540-11507-2.
1982, 162 Seiten mit 94 Abbildungen und 1 Tabelle. 53,— DM

60 **Ermittlung und Bewertung von Rationalisierungsmaßnahmen im Produktionsbereich**
Von Jürgen Schilde. ISBN 3-540-11730-X.
1982, 158 Seiten mit 57 Abbildungen. 53,— DM

61 **Untersuchung von Verfahren der Reihenfolgeplanung und ihre Anwendung bei Fertigungszellen**
Von Mohamed Osman. ISBN 3-540-11747-4.
1982, 124 Seiten mit 32 Abbildungen und 3 Tabellen. 53,— DM

62 **Ein Simulationsmodell zur Planung gruppentechnologischer Fertigungszellen**
Von Volker Saak. ISBN 3-540-11747-4.
1982, 134 Seiten mit 53 Abbildungen. 53,— DM

63 **Verfahren zur technischen Investitionsplanung automatisierter Fertigungsanlagen**
Von Günter Vettin. ISBN 3-540-11747-4.
1982, 134 Seiten mit 63 Abbildungen. 53,— DM

64 **Pneumatische Sensoren zur prozeßsimultanen Messung des Werkzeugverschleißes und zur Kollisionsvermeidung beim Messerkopffräsen**
Von Wolfgang Jentner. ISBN 3-540-11747-4.
1982, 126 Seiten mit 47 Abbildungen und 6 Tabellen. 53,— DM

65 **Rechnerunterstützte Gestaltung ortsgebundener Montagearbeitsplätze, dargestellt am Beispiel kleinvolumiger Produkte**
Von Eberhard Haller. ISBN 3-540-12015-7.
1982, 130 Seiten mit 43 Abbildungen. 53,— DM

66 **Fernsehüberwachung von Schutzgasschweißvorgängen mit abschmelzender Elektrode MIG – MAG**
Von Ruprecht Niepold. ISBN 3-540-12181-7.
1983, 178 Seiten mit 73 Abbildungen und 5 Tabellen. 58,— DM

67 **Entwicklung flexibler Ordnungssysteme für die Automatisierung der Werkstückhandhabung in der Klein- und Mittelserienfertigung**
Von Karl Weiss. ISBN 3-540-12455-1.
1983, 116 Seiten mit 68 Abbildungen. 58,— DM

68 **Automatisierte Überwachungsverfahren für Fertigungseinrichtungen mit speicherprogrammierten Steuerungen**
Von Werner Eißler. ISBN 3-540-12456-X.
1983, 128 Seiten mit 66 Abbildungen. 58,— DM

69 **Prozeßüberwachung beim Galvanoformen**
Von Jürgen Wilhelm Böcker. ISBN 3-540-12457-8.
1983, 118 Seiten mit 32 Abbildungen. 58,— DM

70 **LAPEX – Ein rechnerunterstütztes Verfahren zur Betriebsmittelzuordnung**
Von Stephan Mayer. ISBN 3-540-12490-X.
1983, 162 Seiten mit 34 Abbildungen und 2 Tabellen. 58,— DM

71 **Gestaltung eines integrierten Produktionssystems für die Sortenfertigung unter Einsatz der Clusteranalyse**
Von Gerald Weber. ISBN 3-540-12650-3.
1983, 194 Seiten mit 54 Abbildungen. 58,— DM

72 **Gußputzen mit sensorgeführten, programmierbaren Handhabungsgeräten**
Von Eberhard Abele. ISBN 3-540-12651-1.
1983, 133 Seiten mit 66 Abbildungen. 58,— DM

73 **Untersuchungen zur Herstellung und zum Einsatz galvanogeformter Erodierelektroden**
Von Harald Müller. ISBN 3-540-12822-0.
1983, 148 Seiten mit 78 Abbildungen. 58,— DM

74 **Ein Beitrag zur Optimierung der Prozeßführungsstrategien automatisierter Förder- und Materialflußsysteme**
Von Hans Steffens. ISBN 3-540-12968-5.
1983, 161 Seiten mit 60 Abbildungen. 58,— DM

75 **Entwicklung eines Verfahrens zur wertmäßigen Bestimmung der Produktivität und Wirtschaftlichkeit von Personalentwicklungsmaßnahmen in Arbeitsstrukturen**
Von Christian Müller. ISBN 3-540-13041-1.
1983, 129 Seiten mit 34 Abbildungen. 58,— DM

76 **Berechnung der Gestaltänderung von Profilen infolge Strahlverschleiß**
Von Wolfgang Marx. ISBN 3-540-13054-3.
1983, 121 Seiten mit 58 Abbildungen. 58,— DM

77 **Algorithmen zur flexiblen Gestaltung der kurzfristigen Fertigungssteuerung**
Von Rudolf E. Scheiber. ISBN 3-540-13500-6.
1984, 150 Seiten mit 73 Abbildungen und 1 Tabelle. 63,— DM

78 **Galvanisieren mit moduliertem Strom**
Von Jürgen Wolfgang Mann. ISBN 3-540-13733-5.
1984, 145 Seiten und 58 Abbildungen. 63,— DM

79 **Fluoreszenzmeßverfahren zur Schmierfilmdickenmessung in Wälzlagern**
Von Wolfgang Schmutz. ISBN 3-540-13777-7.
1984, 141 Seiten und 66 Abbildungen. 63,— DM

IPA-IAO Forschung und Praxis

Berichte aus dem Fraunhofer-Institut für Produktionstechnik und Automatisierung (IPA), Stuttgart, Fraunhofer-Institut für Arbeitswirtschaft und Organisation (IAO), Stuttgart, und Institut für Industrielle Fertigung und Fabrikbetrieb der Universität Stuttgart

Herausgeber: Prof. Dr.-Ing. H. J. Warnecke und Prof. Dr.-Ing. H.-J. Bullinger

Nr.	Titel	Preis
80	**Flexibilität und Kapazität von Werkstückspeichersystemen** Von Bernhard Graf. ISBN 3-540-13970-2. 1984, 115 Seiten mit 71 Abbildungen.	63,– DM
T1	**Flexible Fertigungssysteme** 17. IPA-Arbeitstagung zusammen mit der 3. Internationalen Konferenz „Flexible Manufacturing Systems (FMS-3)", ISBN 3-540-13807-2. 1984, 249 Seiten mit zahlreichen Abbildungen.	118,– DM
T2	**Integrierte Bürosysteme** 3. IAO-Arbeitstagung. ISBN 3-540-13978-8. 1984, 633 Seiten mit zahlreichen Abbildungen.	168,– DM
81	**Rechnerunterstützte Planung von Montageablaufstrukturen für Erzeugnisse der Serienfertigung** Von Ernst-Dieter Ammer. ISBN 3-540-15056-0. 1985, 120 Seiten mit 1 Faltblatt und 33 Abbildungen.	63,– DM
82	**Flexibilität von personalintensiven Montagesystemen bei Serienfertigung** Von Heinrich Vähning. ISBN 3-540-15093-5. 1985, 152 Seiten mit 49 Abbildungen.	63,– DM
83	**Ordnen von Werkstücken mit programmierbaren Handhabungsgeräten und Werkstückerkennungssensoren** Von Ingo Schmidt. ISBN 3-540-15375-6. 1985, 111 Seiten mit 66 Abbildungen.	63,– DM
84	**Systematische Investitionsplanung** Von Jorge Moser. ISBN 3-540-15370-5. 1985, 190 Seiten mit 69 Abbildungen.	63,– DM
T3	**Montage · Handhabung · Industrieroboter** Internationaler MHI-Kongreß im Rahmen der Hannover-Messe '85. ISBN 3-540-15500-7. 1985, 267 Seiten mit zahlreichen Abbildungen.	128,– DM
85	**Flexible Montagesysteme – Konzeption und Feinplanung durch Kombination von Elementen** Von Peter Konold / Bernd Weller. ISBN 3-540-15606-2. 1985, 162 Seiten mit 71 Abbildungen und 9 Tabellen.	63,– DM
T4	**Menschen · Arbeit · Neue Technologien** 4. IAO-Arbeitstagung zusammen mit der 2. Internationalen Konferenz „Human Factors in Manufacturing". ISBN 3-540-15763-8. 1985, 442 Seiten mit zahlreichen Abbildungen.	168,– DM
86	**Leitstandunterstützte kurzfristige Fertigungssteuerung bei Einzel- und Kleinserienfertigung** Von Lothar Aldinger. ISBN 3-540-15903-7. 1985, 151 Seiten mit 49 Abbildungen und 2 Tabellen.	63,– DM
87	**Bestimmen des Bürstenverhaltens anhand einer Einzelborste** Von Klaus Przyklenk. ISBN 3-540-15956-8. 1985, 117 Seiten mit 74 Abbildungen.	63,– DM
88	**Montage großvolumiger Produkte mit Industrierobotern** Von Jörg Walther. ISBN 3-540-16027-2. 1985, 125 Seiten mit 58 Abbildungen.	63,– DM
89	**Algorithmen und Verfahren zur Erstellung innerbetrieblicher Anordnungspläne** Von Wilhelm Dangelmaier. ISBN 3-540-16144-9. 1986, 268 Seiten mit 79 Abbildungen.	68,– DM
90	**Bewertung der Instandhaltung von Fertigungssystemen in der technischen Investitionsplanung** Von Hagen U. Uetz. ISBN 3-540-16166-X. 1986, 129 Seiten mit 38 Abbildungen.	68,– DM
91	**Entgraten durch Hochdruckwasserstrahlen** Von Manfred Schlatter. ISBN 3-540-16172-4. 1986, 167 Seiten mit 89 Abbildungen und 18 Tabellen.	68,– DM
92	**Werkstückorientierte Verfahrensauswahl zum Gußputzen mit Industrierobotern** Von Wolfgang Sturz. ISBN 3-540-16224-0. 1986, 156 Seiten mit 59 Abbildungen.	68,– DM
93	**Verfahren zur Verringerung von Modell-Mix-Verlusten in Fließmontagen** Von Reinhard Koether. ISBN 3-540-16499-5. 1986, 175 Seiten mit 46 Abbildungen und 1 Tabelle.	68,– DM
94	**Entwicklung und Einsatz eines interaktiven Verfahrens zur Leistungsabstimmung von Montagesystemen** Von Günter Schad. ISBN 3-540-16978-4. 1986, 120 Seiten mit 31 Abbildungen und 1 Tabelle.	68,– DM

95 **Qualifizierung an Industrierobotern**
Von Wolfgang Bachl. ISBN 3-540-17018-9.
1986, 218 Seiten mit 30 Abbildungen. 68,— DM

96 **Rechnersimulation des Beschichtungsprozesses beim Elektrotauchlackieren – Anwendung zum Berechnen des Umgriffs**
Von Otto Baumgärtner. ISBN 3-540-17102-9.
1986, 113 Seiten mit 42 Abbildungen. 68,— DM

97 **Ergonomische Gestaltung von Rotationsstellteilen für grob- und sensomotorische Tätigkeiten**
Von Werner F. Muntzinger. ISBN 3-540-17247-5.
1986, 135 Seiten mit 51 Abbildungen und 33 Tabellen. 68,— DM

98 **Die optische Rauheitsmessung in der Qualitätstechnik**
Von R.-J. Ahlers. ISBN 3-540-17242-4.
1986, 133 Seiten mit 56 Abbildungen und 2 Tabellen. 68,— DM

99 **Maschinelle Spracherkennung zur Verbesserung der Mensch-Maschine-Schnittstelle**
Von Gerhard Rigoll. ISBN 3-540-17350-1.
1986, 134 Seiten mit 55 Abbildungen. 68,— DM

100 **Konzeption und Auswahl modularer Magazinpaletten**
Von Thomas Zipse. ISBN 3-540-17584-9.
1987, 126 Seiten mit 54 Abbildungen. 68,— DM

101 **Anschlüsse an Kupferrohre – Herstellung und Automatisierungsmöglichkeit**
Von Eberhard Rauschnabel. ISBN 3-540-17807-4.
1987, 120 Seiten mit 88 Abbildungen. 68,— DM

102 **Mengen- und ablauforientierte Kapazitätsplanung von Montagesystemen**
Von Hans Sauer. ISBN 3-540-17815-5.
1987, 156 Seiten mit 64 Abbildungen. 68,— DM

103 **Verfahrensinstrumentarium zur Werkstückauswahl und Auslegung von Industrieroboterschweißsystemen**
Von Herbert Gzik. ISBN 3-540-17928-3.
1987, 138 Seiten mit 56 Abbildungen. 68,— DM

104 **Integration von Förder- und Handhabungseinrichtungen**
Von Joachim Schuler. ISBN 3-540-17955-0.
1987, 153 Seiten mit 61 Abbildungen. 68,— DM

105 **Produktionsmengen- und -terminplanung bei mehrstufiger Linienfertigung**
Von H. Kühnle. ISBN 3-540-18038-9.
1987, 124 Seiten mit 25 Abbildungen. 68,— DM

106 **Untersuchung des Plasmaschneidens zum Gußputzen mit Industrierobotern**
Von Jong-Oh Park. ISBN 3-540-18037-0.
1987, 142 Seiten mit 70 Abbildungen. 68,— DM

107 **Fügen von biegeschlaffen Steckkontakten mit Industrierobotern**
Von Daegab Gweon. ISBN 3-540-18134-2.
1987, 115 Seiten mit 13 Abbildungen. 68,— DM

108 **Entwicklung eines biomechanischen Modells des Hand-Arm-Systems**
Von Georgios Tsotsis. ISBN 3-540-18135-0.
1987, 163 Seiten mit 45 Abbildungen. 68,— DM

109 **Ein Beitrag zur Planungssystematik für die automatisierte flexible Blechteilefertigung**
Von Thomas Weber. ISBN 3-540-18136-9.
1987, 149 Seiten mit 56 Abbildungen. 68,— DM

110 **Entwicklung eines Meßverfahrens zur Bestimmung des Positionier- und Orientierungsverhaltens von Industrierobotern**
Von Günter Schiele. ISBN 3-540-18137-7.
1987, 116 Seiten mit 48 Abbildungen. 68,— DM

111 **Schwingungsbelastung beim Arbeiten mit handgeführten, einachsigen Motormähgeräten**
Von Peter Kern. ISBN 3-540-18193-8.
1987, 145 Seiten mit 43 Abbildungen und 5 Tabellen. 68,— DM

112 **Entwicklung eines berührungslosen Tastsystems für den Einsatz an Koordinatenmeßgeräten**
Von Hie-Sik Kim. ISBN 3-540-18578-X.
1987, 111 Seiten mit 62 Abbildungen und 4 Tabellen. 68,— DM

113 **Qualifizierung an Industrierobotern – Ziele, Inhalte und Methoden**
Von Volker Korndörfer. ISBN 3-540-18618-2.
1987, 318 Seiten mit 100 Abbildungen. 68,— DM

114 **Funktional und räumlich variables und modulares Laborgerätesystem**
Von Alfred Mack. ISBN 3-540-18786-3.
1988, 116 Seiten mit 39 Abbildungen. 73,— DM

115 **Produktrecycling im Maschinenbau**
Von Rolf Steinhilper. ISBN 3-540-18849-5.
1988, 167 Seiten mit 50 Abbildungen. 73,— DM

116 **Integration der montagegerechten Produktgestaltung in den Konstruktionsprozeß**
Von Rudolf Bäßler. ISBN 3-540-19058-9.
1988, 133 Seiten mit 49 Abbildungen. 73,— DM

117 **Ein Algorithmus zur kapazitätsorientierten Bildung von Losen**
Von Tilmann Greiner. ISBN 3-540-19300-6.
1988, 135 Seiten mit 37 Abbildungen. 73,— DM

118 **Kabelbaummontage mit Industrierobotern**
Von Gerd Schlaich. ISBN 3-540-19301-4.
1988, 131 Seiten mit 62 Abbildungen. 73,— DM

119 **Beitrag zur Verbesserung der Fertigungskostentransparenz bei Großserienfertigung mit Produktvielfalt**
Von Albrecht Köhler. ISBN 3-540-19393-6.
1988, 148 Seiten mit 72 Abbildungen. 73,— DM

120 **Entwicklungs- und Planungshilfen zum Aufbau von flexiblen Ordnungssystemen**
Von Rainer Schanz. ISBN 3-540-19394-4.
1988, 104 Seiten mit 48 Abbildungen. 73,— DM

121 **Bestücken von Leiterplatten mit Industrierobotern**
Von Ernst Wolf. ISBN 3-540-50013-8.
1988, 132 Seiten mit 63 Abbildungen. 73,— DM

122 **Verschleißvorgänge beim Querschneiden dünner Bahnen**
Von Thomas Hülsmann. ISBN 3-540-50049-9.
1988, 126 Seiten mit 47 Abbildungen und 5 Tabellen. 73,— DM

123 **Geometrieprüfung in der Fertigungsmeßtechnik mit bildverarbeitenden Systemen**
Von Claus P. Keferstein. ISBN 3-540-50050-2.
1988, 128 Seiten mit 53 Abbildungen. 73,— DM

124 **Modulares Simulationsmodell für die Abläufe in verketteten Fertigungszellen mit Industrierobotern**
Von Kum-Hoan Kuk. ISBN 3-540-50069-3.
1988, 130 Seiten mit 57 Abbildungen. 73,— DM

125 **Montage von Schläuchen mit Industrierobotern**
Von Bruno Frankenhauser. ISBN 3-540-50072-3.
1988, 139 Seiten mit 63 Abbildungen. 73,— DM

126 **Kommissioniersystem mit Roboter und Mehrstückgreifer**
Von Klaus Baumeister. ISBN 3-540-50133-9.
1988, 104 Seiten mit 53 Abbildungen. 73,— DM

127 **Sensorunterstütztes Programmierverfahren für das Entgraten mit Industrierobotern**
Von Dieter Boley. ISBN 3-540-50175-4.
1988, 128 Seiten mit 67 Abbildungen. 73,— DM

128 **Die Arbeitsraumgestaltung manueller Montagearbeitsplätze mit graphischen und wissensbasierten Methoden**
Von Klaus Lay. ISBN 3-540-50259-9.
1988, 129 Seiten mit 50 Abbildungen und 7 Tabellen. 73,— DM

129 **Automatisierung des Biegerichtens**
Von Stefan Thiel. ISBN 3-540-50432-X.
1988, 142 Seiten mit 57 Abbildungen und 5 Tabellen. 73,— DM

130 **Rechnergestützte Verfahren zur Auslegung der Mechanik von Industrierobotern**
Von Martin-Christoph Wanner. ISBN 3-540-50640-3.
1989, 202 Seiten mit 80 Abbildungen. 73,— DM

131 **Entwicklung eines bestandsorientierten Fertigungssteuerungssystems für die Großserienfertigung am Beispiel des Automobilbaus**
Von G. Hachtel. ISBN 3-540-50639-X.
1989, 163 Seiten mit 34 Abbildungen und 6 Tabellen. 73,— DM

132 **Ergonomische Gestaltung der Benutzerschnittstelle am Antriebssystem des Greifreifenrollstuhls**
Von Ludwig Traut. ISBN 3-540-50877-5.
1989, 210 Seiten mit 127 Abbildungen. 73,— DM

133 **Planung taktzeitoptimierter flexibler Montagestationen**
Von Joachim Schöninger. ISBN 3-540-50896-1.
1989, 128 Seiten mit 47 Abbildungen. 73,— DM

134 **Ein Modell für ein integriertes Qualitäts- und Prüfplanungssystem in der Montage**
Von Josef R. Kring. ISBN 3-540-51195-4.
1989, 140 Seiten mit 60 Abbildungen. 73,— DM

135 **Fertigungsstrukturierung auf der Basis von Teilefamilien**
Von Manfred Auch. ISBN 3-540-51290-X.
1989, 138 Seiten mit 34 Abbildungen. 73,— DM

Die Bände sind im Erscheinungsjahr und in den folgenden drei Kalenderjahren zu beziehen durch den örtlichen Buchhandel oder durch Lange & Springer, Otto-Suhr-Allee 26-28, 1000 Berlin 10.

MIX
Papier aus verantwortungsvollen Quellen
Paper from responsible sources
FSC® C105338

If you have any concerns about our products,
you can contact us on
ProductSafety@springernature.com

In case Publisher is established outside the EU,
the EU authorized representative is:
**Springer Nature Customer Service Center GmbH
Europaplatz 3, 69115 Heidelberg, Germany**

Printed by Libri Plureos GmbH
in Hamburg, Germany